体验 大自然

放大镜中探索

[德] 贝波尔·欧特林　　　文
[德] 吉尔德·欧内索格 、阿克瑟尔·尼古拉　　图
郑高凤　译
王　宏　审译

科学普及出版社
·北京·

探索员档案

照片

姓名：_____

性别：_____

生日：_____

学校：_____

家庭住址：_____

家庭成员：_____

兴趣爱好：_____

最喜欢的动物：_____

最喜欢的植物：_____

个人评价：_____

_____

本人指模：

你好！有你的参与，真是太好了！

目 录

随身携带昆虫放大杯

　　大自然中处处充满着奥妙，期待着你去探索和发现。在探索过程中，我们用肉眼可以清楚地看见鸟类、哺乳动物、蜥蜴、青蛙，还有癞蛤蟆。甲虫、蚱蜢和蜻蜓也不难发现，但是像蚂蚁或蚜虫这样的小东西就不太好办了。因此，若要精确观察小型动物、花蕾、空蜗牛壳或者天上闪烁的星星，放大镜和望远镜是必不可少的。

　　这时，昆虫放大杯就能派上用场了。把小型动物放入其中，通过盖子上的放大镜，你就能观察得一清二楚。它的优点是：动物无法逃走，你可以安静地观察它们，甚至可以利用昆虫放大杯进行小实验。例如：把爬满蚜虫的叶子放进杯中——这是瓢虫最喜爱的美味佳肴，就可以观察到瓢虫是如何捕食的；又或者可以观察蚯蚓如何在铺满枯叶的土壤里钻来钻去。

可移动杯盖　　　　　　气孔

塑料质小放大镜
（可折叠）

四倍镜 {

塑料质大放大镜
（二倍镜）

塑料杯

底部网格

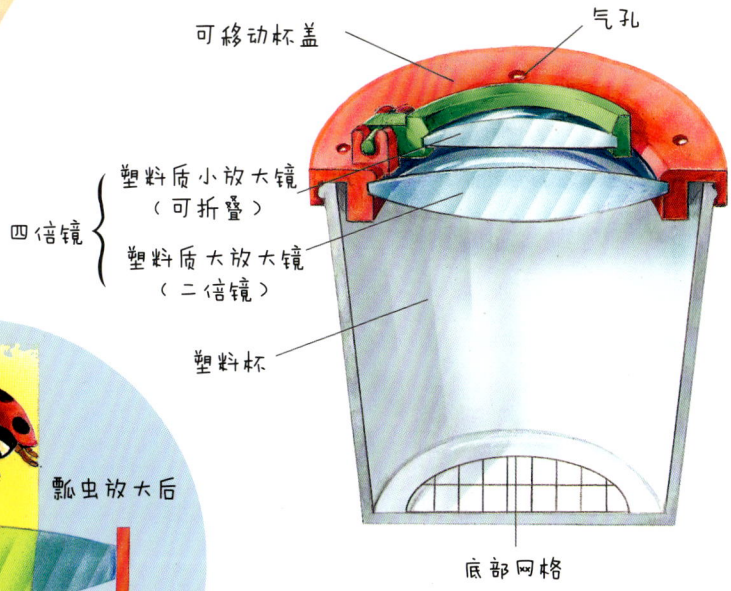

昆虫观察杯的构造

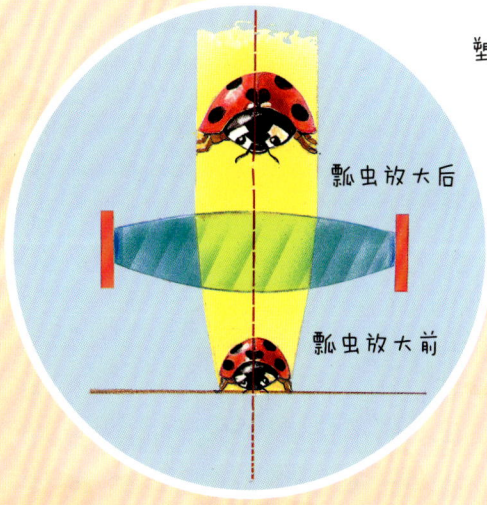

瓢虫放大后

瓢虫放大前

通过放大镜观察瓢虫

放入昆虫放大杯中的动物应大小适中。例如蝴蝶就不适宜放入杯中观察，因为它的翅膀过于脆弱，易折损。可以直接用放大镜来观察它。幸好蝴蝶这种动物喜欢静静地立于花间，也便于观察。另外，若要观察较大的蜻蜓或瓢虫，需要使用特大号的放大杯（昆虫在杯中一定要有活动余地）。切忌硬把动物塞进去！

小贴士

在使用昆虫放大杯的过程中应小心翼翼，防止硬物刮花镜面。有了它，你的探索之旅必将充满无限乐趣！

寻找与收集爬行动物

可以用放大杯来观察的小动物无处不在，甚至在我们所居住的房屋周围就有它们的足迹。但是动物们的活动区域各有不同：蚂蚁和步行虫生活在地面，蚱蜢与瓢虫趴在茎叶上，蜜蜂和熊蜂则流连于花间。

✘ 在花朵、茎叶上的动物很容易收集，只需要把放大杯置于动物下方，轻轻碰触植物，动物便滑落进杯中。

✘ 在树枝上的动物也同样，轻轻一敲树枝，这些动物就会掉进下面的杯里。

✘ 对于藏在树皮或树桩缝隙中的动物，需谨慎地用刷子把它们引出来。若它们不合作，则不要勉强，继续去寻找其他动物吧。

✘ 要小心对待土壤中的小动物，应小心翼翼地连带土壤一起舀到杯中。

✘ 捕捉动物时应小心谨慎：若地面光滑，可直接先用放大杯的杯身反扣过来盖住动物，然后沿着地面和杯口之间的缝隙塞进一张薄纸，即捕捉成功。此法对在玻璃窗上的动物同样适用。

✘ 若地面凹凸不平（事实上，在户外，这种情况占大多数），则采用另一种捕捉方法：选择天气晴朗的时候，把空的玻璃瓶埋到地下，使瓶口向上，与地面齐高。待一些动物逐渐跌落瓶中，便可观察，结束后一定要将其放生。

注意事项：每隔一个小时查看一下跌落进瓶中的动物，并适时地将其放生。观察完毕后，务必将玻璃瓶从土壤中取出来，避免动物困死在瓶中！另外，切忌在雨天采用这种捕捉方法。

唷，好臭啊！

这点很重要!

在整个观察过程中务必小心谨慎,并随后把所有的小动物放生。千万不能伤害它们!因此捕捉动物时要轻手轻脚,小心谨慎。

避免把装有动物的放大杯置于烈日底下,否则杯中的空气会迅速升温,里面的小动物就会热死。要在阴凉处进行观察。

若要捕捉水生动物进行观察,首先要在杯中装上水!

观察动物需认真彻底,但不能耗时过久。过几分钟后,应把捕捉到的动物放生回原处。

注意:有些动物会叮咬人!

小贴士

翻开扁平的石头!那里经常是潮虫、蜈蚣及其他小动物的藏身之所。观察过后记得再把石头放回原位。

如图所示去
捕捉家蝇

观察住所周围的昆虫

在住所与花园中进行观察

在住所、公园和花园等地方，很多动物找到了理想的栖身之所。在这里，灌木丛、花草、池塘和树林都很"欢迎"各种昆虫、蜘蛛以及其他小型动物的"入住"，而这些动物也在此找到了丰富的食物与适宜的庇护所。

蜜蜂、熊蜂和蝴蝶在花丛中飞来飞去，吸食美味的花蜜。在茎叶上爬行着各种各样的甲虫和蠕虫。瓢虫在花园里是很受欢迎的，因为它们是捕捉蚜虫的高手。十字园蛛则在灌木丛里构建它们的艺术品——蜘蛛网。饥饿的蝴蝶幼虫也总在这里大吃特吃。

睁大双眼去仔细观察这一切吧！但很多动物都很害羞，喜欢藏起来，所以在观察过程中需要有足够的耐心。快行动起来吧！在不同的季节出现在这里的动物总是不一样的，而你今天发现了哪种动物呢？

小贴士

如果你想知道自家花园的灌木丛里住着哪些动物，那么在夏天时，可以在大树底下铺开一块色彩明亮的布或者把雨伞撑开倒置。然后，用力去摇晃这棵树。这时你会惊奇地发现：各种各样的蜘蛛、甲虫、苍蝇以及其他小动物掉落到布面上或伞里。接着用放大镜去观察它们即可。但记住观察后要把它们完好无损地放生。

观察花果

　　花园里生长着种类繁多的花朵和果实。除了可用放大杯来观察花朵外，果实也不例外。为此，你只需在享用覆盆子、醋栗等美味可口的水果之前，把它们放入放大杯中，就会透过放大镜看到很有趣的景象。另外，你也可以先切开水果，然后用放大杯去观察它们的内部构造。

这是有趣的寻宝游戏

　　在花园里，我们能找到很多神奇的宝贝，如羽毛、空蜗牛壳、被遗弃的胡蜂巢、奇形怪状的动物蜕壳、石头、叶子、坚果以及种类繁多的花朵。它们都值得放在放大杯中去细细研究和观察。随后，你可以把它们放回大自然，也可以制成标本珍藏起来。这些都是你搜集到的宝贝。

观察到的结果

在大自然探索中发现

- □ 羽毛
- □ 叶子：　　　　□ 绿叶　　　　□ 落叶
- □ 花朵
- □ 果实
- □ 树皮
- □ 真菌
- □ 石头
- □ 动物：

□ 蚂蚁	□ 蜜蜂	□ 跳蛛
□ 黄蜂	□ 草蛉	□ 蠹鱼
□ 家隅蛛	□ 萤火虫	□ 蝴蝶
□ 虱子	□ 熊蜂	□ 千足虫

> 美味的蜂蜜！

观察到的结果

在家里发现的动物

- ☐ 鼠妇
- ☐ 跳蛛
- ☐ 家隅蛛
- ☐ 草蛉
- ☐ 家蝇
- ☐ 蠹鱼

在花园里发现的动物

- ☐ 蚯蚓
- ☐ 蜗牛   ☐ 空蜗牛壳
- ☐ 蛞蝓
- ☐ 十字园蛛
- ☐ 长脚盲蛛
- ☐ 蝾螈
- ☐ 椿象
- ☐ 萤火虫
- ☐ 蚜虫
- ☐ 蝴蝶   ☐ 毛毛虫
- ☐ 瓢虫
- ☐ 蚂蚁
- ☐ 蜜蜂
- ☐ 黄蜂
- ☐ 熊蜂
- ☐ _____
- ☐ _____
- ☐ _____
- ☐ _____
- ☐ _____
- ☐ _____

你在外面发现我了吗?

蚯蚓

观察要点

✗ 区分蚯蚓的前端与后端。

✗ 观察蚯蚓上皮表层的柔软的刚毛，它用于协助蚯蚓蠕动。

✗ 在昆虫放大杯中放入土壤，观察蚯蚓在土壤中进食。

✗ 选择在夜间去捕获蚯蚓，但要小心谨慎地靠近它。

在土壤里安家

在欧洲，蚯蚓被戏称为"雨虫"，这是因为每逢大雨天，蚯蚓就会爬出地面，随处可见。下雨的时候，蚯蚓在地底的栖息地被灌满了水，它们必须爬到地面上，以免被淹死。

但爬到光秃秃的地面上对这些"地下居民"来说存在着新的危险：甲虫、小鸟、刺猬以及许多其他动物很喜欢捕捉这些无助的蚯蚓。同时，太阳光也十分危险，它们柔嫩的皮肤很容易被灼伤。蚯蚓晒伤后和人一样也会得晒斑，并且这足以致命。

因此，蚯蚓白天都藏在土壤里，夜晚才把头探出来，并摄食地面的植物茎叶。有时它们会把落叶搬到土壤里之后再尽情享用。现在总算明白为什么有些叶子无故消失了吧？如果是空气湿润的早晨，在草地上还可能会发现蚯蚓的粪便，酷似棕色意大利面条，里面饱含消化过的植物残渣，可使土壤肥沃。

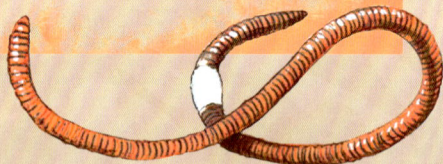

全副武装，感觉好多了！

小贴士

把蚯蚓置于报纸上，尽量将耳朵贴近纸面，仔细倾听蚯蚓在蠕动时身上的刚毛与纸张摩擦发出的"沙沙"声响。

观察到的结果

小档案

体长： 小于30厘米
特征： 最长可延展至160
个体节
食物： 土壤、植物茎叶碎片、
叶子

　　蚯蚓寿命可达10年之久。此外，蚯蚓用皮肤呼吸，皮肤因色素沉积呈红色，其中含有无数感光细胞，可以帮助蚯蚓分辨白天与黑夜。

发现地点

- ☐ 室内
- ☐ 户外
- ☐ 地面
- ☐ 野外
- ☐ 叶子
- ☐ 花朵
- ☐ 前叶
- ☐ 茎干/树皮
- ☐ 灌木丛

蚯蚓前端

体节

后端

口前叶

刚毛

前端　环带

15

鼠 妇
（潮虫）

观察要点

- ✗ 鼠妇黝黑的外壳由多少胸节组成？看到了那长长的触角吗？
- ✗ 从底部观察鼠妇。发现前足和后足外观上的不同了吗？
- ✗ 在潮湿的地下室里寻找鼠妇。用昆虫放大杯小心地捕获它。
- ✗ 向杯里滴入一滴水并观察。鼠妇会触碰水滴，并把后足伸入水中。

喜爱潮湿阴暗的生活环境

鼠妇常见于地下室里、堆肥中、树干表面松软的树皮里、枯叶下和石块下。一旦被发现，它们便会赶忙逃往阴暗角落里寻找新的藏身地。

鼠妇只能在潮湿的环境中生活，因为它们类鳃的呼吸器官（位于后腿处）必须时常保持湿润。鼠妇并不属于昆虫纲或蛛形纲，而属于陆生的甲壳纲，因而水生的虾和螃蟹都是它的远亲。

鼠妇背部覆有几丁质甲壳。它们的甲壳如同骑兵甲胄的关节部位，由许多单独的胸节叠连而成，以便它们活动。甲壳保护着它们柔弱的腹部，同时也能保持身体内的水分不会散失。雌性鼠妇腹部有一个卵袋，里面携带着卵鞘。新孵出的小鼠妇便是在这个卵袋里度过它们生命初期的。

小贴士

在一个盒子（比如空鞋盒）里放入一张干燥的纸巾和一张湿润（未湿透）的纸巾。再放入几只鼠妇。仔细观察一下看它们通常会躲藏在哪张纸巾下呢？

观察到的结果

YEP!

发现地点

- ☐ 室内
- ☐ 户外
- ☐ 地面
- ☐ 野外
- ☐ 叶子
- ☐ 花朵
- ☐ 茎干
- ☐ 灌木丛

头部

触角

胸节

十字园蛛

观察要点

- ✗ 蜘蛛的四对步足长在身体的哪个部位？是在较小的头胸部，还是在较大的腹部？
- ✗ 头胸部上的暗点就是眼睛。数一数蜘蛛有多少只眼睛。
- ✗ 发现腹部末端细小的纺绩器了吗？若想观察到蜘蛛的纺绩器，就要从底部观察蜘蛛。
- ✗ 观察头部长长的螯肢。十字园蛛就是用它们来螯咬猎物并注入毒素的。

勤劳的织网者

在我们身边有灌木或树木的地方，几乎到处都生活着十字园蛛。它们每天都会吃掉旧网，并在树梢间吐丝织出新网。睁大你的眼睛去观察，便能在桥梁的支架间、楼梯的扶手间或窗沿外发现这些极具艺术性的蜘蛛网。十字园蛛很少进入室内。

人们几乎从不会在蜘蛛网的正中央发现十字园蛛的踪影——因为它往往躲在网的附近。如果你认为它正在睡大觉，那你就上当了——其实蜘蛛通过一根丝线与网相连，一旦有昆虫陷入网中，它就会立刻感知到，并马上赶向正极力挣扎的落网昆虫，然后吐出新丝捆绑起猎物，再通过螯咬注入毒素来杀死猎物。这种毒素也包含有消化酶，能够将猎物的身体内部溶解成浆糊状流质。这样，十字园蛛就只需要吸食昆虫的体内部分，留下空空的外壳。

小贴士

小心地从蜘蛛网上捕获一只园蛛，并把它放置在一个分叉的树枝上，也许能够有幸观察到它是怎样织网的。看一看，织一张网需要多长时间呢？它是先从哪部分开始，然后再织哪部分的呢？

观察到的结果

嘻嘻，我吓到你了吧？

小档案

体长： 可达2厘米

特征： 褐色身体上有斑纹图案，四对步足

食物： 昆虫

尽管蜘蛛丝是如此纤细，但却极其强韧。蜘蛛稳稳地沿丝线攀索而下，如同一台小缆车悬挂在1厘米粗的钢丝上。

发现地点

- ☐ 室内
- ☐ 户外
- ☐ 地上
- ☐ 野外
- ☐ 叶子
- ☐ 花朵
- ☐ 茎干
- ☐ 灌木丛

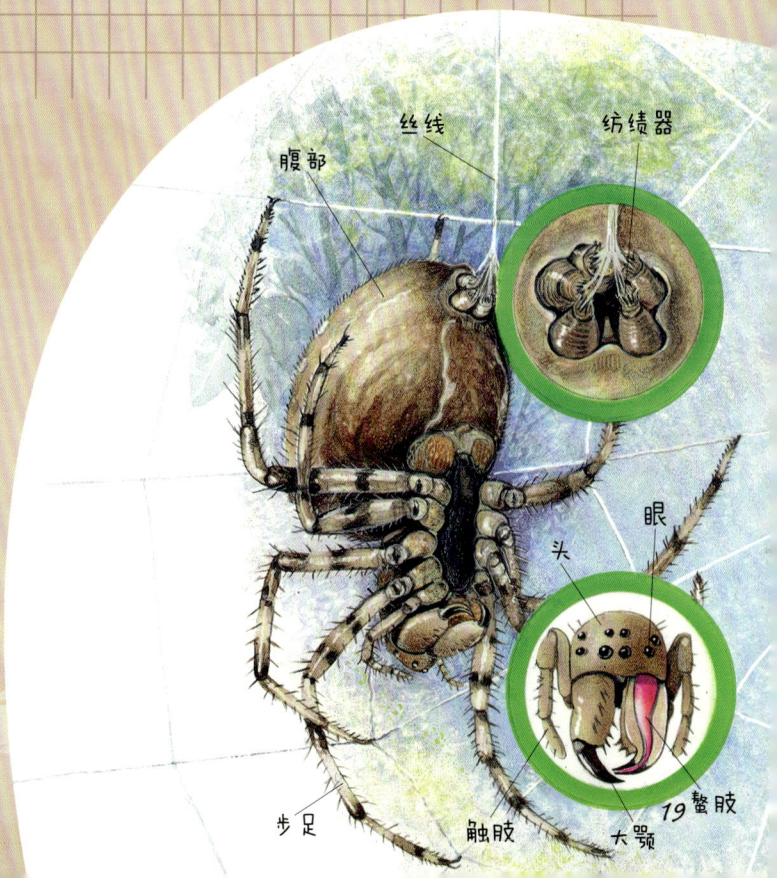

腹部　丝线　纺绩器

头　眼

步足　触肢　大颚　螯肢

19

耳夹子虫
（蠼螋）

观察要点：

✗ 发现它们背上两片棕色的甲翅了吗？

✗ 看看尾部的尾铗：是雄性的还是雌性的耳夹子虫？

✗ 将一小块水果放入昆虫放大杯中，观察耳夹子虫是如何进食的。

宅在黑暗中

它的名字其实名不符实：耳夹子虫并不会往我们的耳朵里爬。数数它的六条腿，很容易就能发现——它并不是蠕虫，而是一种地地道道的昆虫。

耳夹子虫喜欢栖息在黑暗的隐蔽处。它们整日（经常是许多只一起）躲藏在盆栽植物里、石块下、叶子底下、茂密的莴苣以及玫瑰或其他花朵中。一旦被惊动，它们便会迅速四散开去，寻找新的藏身之所。

耳夹子虫在黑夜里才会活跃起来，它们为了寻找食物而东奔西跑。耳夹子虫属于益虫，因为它们会吃对花园有害的蚜虫。

雄性和雌性耳夹子虫可以通过尾部的铗轻易地分辨出来。雌性的尾铗更短、更直，而雄性的尾铗更长，并且呈镰刀状弯曲。它们用尾铗捕捉活动的猎物，并能防范蜘蛛或同类的攻击。它们的尾铗还可扎痛人。

小贴士

你可以为耳夹子虫提供一个在白天藏匿的场所：在一个空花盆里装满棉花，并把它翻转后倒挂在树上。这样，你想要观察耳夹子虫的时候就知道在哪里可以找到它们了。

观察到的结果

发现地点：

☐ 室内
☐ 户外
☐ 地面
☐ 野外
☐ 叶子
☐ 花朵
☐ 茎干
☐ 灌木丛

小档案

体长：可达2厘米

特征：褐色身躯，尾部有
　　　两根有力的铗状物

食物：蚜虫、小毛虫以及植物
　　　细嫩柔弱的部分

　　耳夹子虫有翅膀！它们的翅膀大约1厘米长，非常柔软，如同一面扇子折叠在短短的棕色甲翅下。然而，耳夹子虫在其亲缘种类当中属于很糟糕的飞行者。

触角　眼睛　甲翅　尾铗

红尾碧蝽

观察要点

✗ 从底部观察一只蝽类：看见那贴在腹面的长长的刺吸式口器了吗？

✗ 发现位于坚硬的半鞘翅后下方棕色柔软的后翅了吗？

✗ 如果一只碧蝽没有后翅，那么它就是一只幼虫（可以说是一只蝽宝宝）。

✗ 碧蝽头部有棕色的眼睛，瞧见了吗？

重装上阵

红尾碧蝽可是不好惹的昆虫。当它感到有敌意或威胁存在时，会向目标喷射出黄色的带有恶臭的液体。

像所有蝽类一样，红尾碧蝽也有一根长长的刺吸式口器，当然，它是无法用来叮咬你的。它们宁愿用它来叮刺植物的茎杆和果实，汲取其中的汁液。被蝽类叮咬过的果子尝起来令人作呕！蝽类不能像蝴蝶那样卷起自己的口器，不用时就把它翻折后贴在腹面。它们的腹面上有一条细细的沟槽，可与口器完美贴合。通过这条长长的口器，可以很容易地区分出蝽类和无长喙状口器的甲虫。

在夏天，雌性碧蝽会把绿色圆球形的卵产在花叶中，排成的形状如同路面上砖块拼成的花纹般整齐美观。碧蝽幼虫便是从那里孵化出来的。这些幼虫看起来就像迷你版的成虫，但没有后翅。它们和自己的兄弟姐妹大部分时间都一起待在卵窝附近——在那里，你可以轻易地发现它们。一只幼虫需要蜕皮五次，直到它成年并长出后翅。

六条腿是多么实用啊，对吧！

小贴士

将一棵覆盆子或其他柔软香甜的水果放入昆虫放大杯中，观察碧蝽是如何吸食的。

观察到的结果

发现地点

- ☐ 室内
- ☐ 户外
- ☐ 地面
- ☐ 野外
- ☐ 叶子
- ☐ 花朵
- ☐ 茎干
- ☐ 灌木丛

小档案

体长：可达1.5厘米

特征：盾状躯体，在春季和夏季呈绿色，在秋季呈棕色

食物：植物和果实的汁液

　　碧蝽也可以发出声音。在交配前，它们会前后挪动背板，发出低沉的声响。此外，碧蝽是生活在我们周围的最大型的蝽类。

后翅

半鞘翅

眼睛

头部

23

苍蝇

观察要点

✗ 看看典型的苍蝇头部：大眼睛，小触角，长口器。

✗ 苍蝇只有一对翅膀，而不像其他大多有翅膀的昆虫一样有两对翅膀。

✗ 将一些果酱放入放大杯中，观察苍蝇是如何吸食的。

时常烦人

每当享用早餐、中餐或晚餐时，苍蝇会格外令人讨厌。由于它们和"靓丽的亲戚"——丝光绿蝇（就是那些泛着金属般绿光的苍蝇）都会在狗粪或其他令人恶心的废料上落脚，因此人们总是要防止它们在菜肴上飞来飞去。要知道苍蝇是不会先把脚洗干净的……

苍蝇粗大的舌状口器十分明显，用来吸食有甜味的液体，就像吸尘器一样。苍蝇会先用唾液湿润糖分和其他固态食物，待使其足够湿润后再吸食那些汁液。

苍蝇的幼虫就是蛆，它们简直就是一团活生生的脂肪，生活在营养丰富的粪便或肥料堆中。

苍蝇的脚上有小爪垫，因此这种昆虫可以自如地在平滑如镜的窗玻璃上或倒挂在天花板上行走。要在头顶上方的高处着陆，它们会先向后翻半个跟头——六只脚就贴上天花板了。

小贴士

可以轻轻地用某个容器扣住停息在平面上的苍蝇，然后在容器口和平面之间插入一张纸，就能捕获到苍蝇了，小心地把它放入放大杯中仔细观察。

爪　爪垫

天花板上的苍蝇

观察到的结果

小档案

体长：可达1厘米

特征：深灰色蝇类，巨大
的黑色或红色眼睛

食物：甜味的液态食物

　　苍蝇没有舌头作为味觉器
官，而是用脚来尝味。在用它
那圆形的口器吸取之前，苍蝇
会先把一只脚插入食物，检测
食物是否可口。

发现地点

☐ 室内
☐ 户外
☐ 地面
☐ 野外
☐ 叶子
☐ 花朵
☐ 茎干
☐ 灌木丛

苍蝇的舌状口器

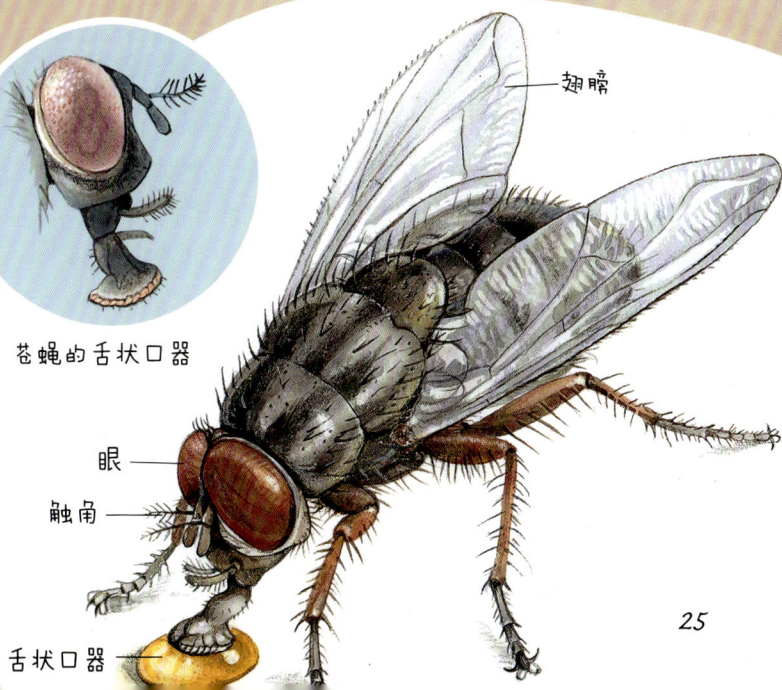

翅膀

眼

触角

舌状口器

25

瓢虫

- ✗ 观察瓢虫是如何开始飞行的：它先向两旁翻开坚硬的甲翅，再展开甲翅下柔软的翅膀——然后就起飞了。
- ✗ 数数斑点的数量，就很容易知道它是哪种瓢虫了。
- ✗ 看见瓢虫那小小的头上的眼睛了吗？
- ✗ 也用放大镜观察一下瓢虫幼虫。

小贴士

把一只瓢虫放在爬有很多蚜虫的一根茎杆或一片叶片上。这样就可以观察正在捕食的瓢虫——只要它正好饿了。

贪食的猎手

毫无疑问，瓢虫雄踞昆虫流行明星榜之首——并且数十年来从未旁落！鲜红底色上点缀的漆黑斑点看起来简直可爱极了——然而对其他动物来说却正好相反——红底黑斑对它们来说就意味着这瓢虫绝非美味。瓢虫一旦感到了威胁，就会从它们膝部挤出一种恶臭、黄色的液体。蚂蚁会立刻溃逃，不过鸟儿却仍会把瓢虫吃掉。

瓢虫和它蓝灰色、带有黄色斑点的幼虫都是勤奋的蚜虫捕食者。一只瓢虫一天可吃掉250只蚜虫，而一只瓢虫幼虫在3~6星期后化蛹成为成年瓢虫时，已经吃了近600只蚜虫。为了让幼虫不必寻找食物，雌性瓢虫就在蚜虫的栖息地中产卵。

瓢虫会和许多同类一起在一处隐蔽的藏身处过冬，有时也会在室内。倘若在室内发现一只瓢虫，就把它放生吧——冬天放到户外时可以用树叶为它遮盖。

在我们周围生活着超过70种不同的瓢虫。它们的区别不仅在于体型大小，更主要是在于它们的颜色（黑底红斑、红底黑斑、黄底黑斑和黑底黄斑），还有斑点的数量。二星瓢虫红色的甲翅上有两块黑斑，也可能是黑色的甲翅上有两块红斑。常见的七星瓢虫在它红色的甲翅上有七块黑斑，二十二星瓢虫黄色甲翅上有二十二块黑斑，而十三星瓢虫的红色翅膀上有十三块黑斑。

观察到的结果

小档案

体长：可达8毫米

特征：圆形，体色红色带有黑色斑点，体色黑色带有红色斑点，或体色黄色带有黑色斑点。

食物：蚜虫

最常见的瓢虫是七星瓢虫，可以通过它红色甲翅上的七块黑斑认出。其他瓢虫可能有更多或更少的斑点。从斑点的数量上我们可以得知它的种类，但无法知晓它的年龄。

发现地点

☐ 室内
☐ 户外
☐ 地面
☐ 野外
☐ 叶子
☐ 花朵
☐ 茎杆
☐ 灌木丛

交配

卵

蛹

破蛹的瓢虫

幼虫

蝴 蝶

观察要点

✗ 通过放大镜观察翅膀。看到那些如同瓦片般叠连的细小鳞片了吗？

✗ 观察大孔雀蝶是如何展开它长长的虹吸式口器吸取花蜜的。

✗ 当大孔雀蝶在茎杆上休息时，它是怎样收起自己的翅膀的？当它在花朵上时又是怎样的呢？

✗ 也观察一下毛虫。看见它那有力的口器了吗？

四只眼睛的大孔雀蝶

由于我们身边到处都生长有许多荨麻，因此也生活着很多大孔雀蝶。这些蝴蝶在还是黑色的、披满硬毛的幼年毛虫时只吃植物的叶子。那些有毒的体毛对它们起到保护的作用，不要去触碰那些毛虫，而要用昆虫放大杯小心地捕捉。

大孔雀蝶毛虫是群居的。人们常可以在它们自己用丝织成的巢穴中发现超过100只毛虫。它们将丝线盖在荨麻上，并整日整夜一起待在这种丝质巢穴中，直到它们发育成熟。然后它们就会化蛹成蝶。

大孔雀蝶通过翅膀上艳丽的眼状图案来防卫鸟类或其他想要吃掉它的动物。蝴蝶感到威胁后会突然展开闭合的翅膀，露出四只硕大的"眼睛"，每个猎食者都会被吓一跳：有这么大的眼睛，肯定是只巨大的动物！

小贴士

将几只毛虫放入一个在屋顶或阳台上的迷你饲育箱，并每日喂它们新鲜的荨麻叶子。这样就可以观察到毛虫是怎样成长为大孔雀蝶的。请立即放生长成的蝴蝶！

观察到的结果

小档案

体长：可达3厘米

特征：四片红棕色的翅膀，每片
翅膀上有一个蓝黑黄三色
的眼状斑纹图案

食物：花蜜

　　不要抓住蝴蝶的翅膀。每次
触碰，覆盖在翅膀上纤细的五彩
的鳞片都会如尘埃般撒落。这样
一来蝴蝶就不能再飞了。

发现地点

- □ 室内
- □ 户外
- □ 地面
- □ 野外
- □ 叶子
- □ 花朵
- □ 茎干
- □ 灌木丛

交配

大孔雀蝶
的卵

刚孵化
出来的
幼虫

大孔雀蝶
的成虫

蛹

正在破蛹而出的大孔雀蝶

29

蚜虫

吮吸甜蜜的汁液

蚜虫有很多种类，但无论是绿色的、棕色的还是黑色的蚜虫，一样都会刺入植物的茎和叶，吸取其中的汁液。由于在植物汁液中含有许多糖分，因而蚜虫会排泄出黏糊的、甜甜的粪便。这种甘甜的汁液又叫蜜露，蚂蚁和很多其他的动物都喜爱食用。

观察要点

✗ 用放大镜观察一个蚜虫聚居地。发现蚜虫有大有小了吗？

✗ 看见蚜虫硬直的刺吸式口器了吗？

> 小小的我喜欢吸食植物汁液。

小贴士

将一条带有蚜虫的嫩枝插入一个水杯，并在后续几天里时常数数蚜虫的数量。数量会不断增加，因为蚜虫还会繁衍出生机勃勃的后代。或许你还有幸能观察到一次蚜虫分娩的过程。

观察到的结果

小档案

体长：可达4毫米

特征：水滴状，绿色、黑色
　　　或棕色的身体

食物：植物汁液

　　在蚜虫聚居地有时还会出现有翅膀的蚜虫。它们灵活敏捷，可以去占领其他的植物。

真好吃！

发现地点

- ☐ 室内
- ☐ 户外
- ☐ 地面
- ☐ 野外
- ☐ 叶子
- ☐ 花朵
- ☐ 茎干
- ☐ 灌木丛

携带放大杯进入丛林

观察树林里的昆虫

森林中生活着各种各样的动植物。在森林中，树木、灌木丛和草丛等形成了高低不同的天然植物层，就如同是一座多层建筑。无论是在地被物层、草木层、灌木层，还是高高的乔木层，都可以找到各种小虫子。我们可以通过放大杯仔细观察它们。

在地被物层，也就是在落叶、苔藓地衣、花丛、青草及其他草本植物之间，有着许许多多六条腿、八条腿及其他多腿的生物，比如鼠妇、狼蛛、千足虫、蜈蚣、屎壳螂及红褐林蚁等。我们有时候必须弯下身来或者直接趴在地面上，才能发现它们。

在地面铺一块白色的布，然后捧来一把落叶撒在上面，很快就会发现在白布上慌忙寻找阴暗处藏身的甲虫、多足类、蜘蛛以及千足虫。如果小心地用手指拨开树叶，还能找到一些动作比较迟缓的动物，比如蜗牛或者一些幼虫。将每只动物单独放到放大杯中，并透过杯盖的放大镜仔细观察。最好事先了解，一年四季中分别有哪些动物生活在这里。

在针叶林中，地面上堆积着厚厚的一层落叶。找找看，在这些叶子中有没有栖息着动物呢？如果没有，千万别失望。在这里，取而代之的是错综交织的菌丝，散发着各种菌类的霉味。还有，在针叶上布满着大大小小的洞。这是由于螨虫钻来钻去造成的。用放大镜仔细端详这些叶面，看看能不能发现螨虫。

小贴士

在树桩的裂痕及缝隙中，同样生存着很多小动物。为了观察到这些小动物，我们可以小心地用毛刷将它们收集到放大杯中。观察完后别忘了马上把它们放归自然。

森林中的各种花朵

　　春天来了，森林的地面上像铺了一张五颜六色的地毯，开满了各种各样的鲜花。只要阔叶树还没长出叶子，不会阻挡阳光的照射，花儿们就可以获得充足的阳光进行生长、开花。有没有兴趣在这些花丛中进行一次奇特的探索之旅呢？你将会在其中发现十几种不同的花。用放大杯去仔细研究每一种花的花瓣，并做好记号，参照花卉鉴别手册，就可以一一叫出它们的名字来了。

放生！

　　在这个神秘的丛林里真是无奇不有：不管是在地表、林间小道、灌木丛中，还是在路边的树干上或是腐烂的树皮底下都生活着形形色色的小动物。像鸟类的羽毛、蜗牛的空壳、动物的骨头、石块、树叶、果实、花朵及真菌等这些在丛林中发现的物品都体积不大，适合放到放大杯中进行观察研究。小心翼翼地去捕捉或搜集它们，并在阴凉的地方观察。观察完毕后记得打开放大杯，让它们回归大自然。

在林中发现了

☐ 鸟羽
☐ 树叶：　　　　　☐ 绿色的叶子　　　　☐ 色彩斑斓的叶子
☐ 花朵
☐ 果实
☐ 树皮块
☐ 真菌
☐ 石块
☐ _____
☐ _____
☐ _____
☐ _____

小贴士

　　从春天开始，一直到秋天，森林中的扁虱都非常活跃。它们在吸血的过程中会传播危险的疾病，所以每次从林中返家，一定要让父母为你做个彻底的全身检查，并及时去除这些讨厌的小虫。

观察到的结果

在森林中发现的动物

☐ 蟑螂   ☐ 蜗牛或蜗牛壳

☐ 步甲   ☐ 石蜈蚣（小心不要被咬伤）

☐ 螳螂   ☐ 地蜈蚣（小心不要被咬伤）

☐ 金龟子   ☐ 鼠妇（潮虫）

☐ 小蠹虫（树皮甲虫）   ☐ 马陆（千足虫）

☐ 红褐林蚁   ☐ 狼蛛

☐ 蛾、蝶   ☐ 毛虫

☐ 蛞蝓（鼻涕虫）   ☐ 盲蛛

发现的动物踪迹

☐ 树叶上的虫瘿

☐ 树叶上被啃食的痕迹

☐ 真菌（蘑菇）被啃食的痕迹

☐ 被啃咬的球果

蛞蝓
（鼻涕虫）

观察要点

✗ 有没有发现蛞蝓的背部有一片呈椭圆形且布满了颗粒的表皮？从这个部位就能区分蛞蝓和蜗牛，因为在蜗牛身上的这个部位覆盖着的是外壳。

✗ 注意观察蛞蝓身体侧面的一个时而打开时而闭合的小圆口，蛞蝓就是通过这个小洞来呼吸的。

✗ 如果用手指轻轻地触摸蛞蝓，会发生什么事情呢？

✗ 哪一对触角上面藏着小小的黑色的单眼呢？是长的那一对，还是短的那一对呢？

无处不在的蛞蝓

几乎在所有地方都能找到蛞蝓。在晴朗干燥的日子里，它们会躲藏在阴暗潮湿的地方。下雨后，它们会突然在很多地方出现，甚至在道路上爬行。它们依靠腹足分泌黏液缓慢向前滑行，能爬行很长一段距离。

触摸蛞蝓并不是所有人都能够接受的一件事情，因为蛞蝓的全身上下覆盖着浓稠的黏液。许多动物也不愿意与蛞蝓的黏液打交道，所以蛞蝓的天敌非常少。尤其是在经过了一个很少有霜冻天气的冬季之后，或是在潮湿温润的夏季里，蛞蝓会大肆繁殖，大量出现在某一个地点。蛞蝓在菜园里也不受欢迎，因为它们会把菜园里的生菜（叶用莴苣）及其他植物啃咬得光秃秃的。

（温带地区常见的）阿勇蛞蝓只有一年的寿命。在夏季到秋季这段时间里，这些蛞蝓会进行交配。它们在地面上产下小球状的卵，随后不久便死去。从白色的卵中会孵化出蛞蝓的幼虫。它们一出生便总是感到饥肠辘辘，需要吃很多东西。在下一个夏季到来之前，它们会发育完全，进行交配并死去。这就是阿勇蛞蝓的生命周期。

小贴士

将蛞蝓放到一个光滑的平面上（比如一块玻璃板）任其自由爬行。当你转动这个平面，将这个平面立起来，甚至是把它翻过来时，蛞蝓都不会掉下来。它仍旧可以自如地在平面上爬行。

观察到的结果

体长： 可达20厘米

特征： 身体呈长条形，体表通常为黑色、棕色或橘红色

食物： 叶片、嫩枝、果实、粪便、残渣废物、动物尸体

蛞蝓跟蜗牛一样都是雌雄同体的，也就是说，它同时拥有雄性和雌性生殖器官。在交配时，蛞蝓会相互交尾，之后双方都会产卵。如果蛞蝓感觉到危险的话，它们会将自己的身体缩成一团。

YEP!

发现地点：

☐ 林中
☐ 林边
☐ 林中空地
☐ 地面
☐ 野外
☐ 植物茎干/树皮
☐ 树叶
☐ 花瓣
☐ 灌木丛

呃，我吃得太多了。

触角上的眼睛

狼　蛛

观察要点

✗ 狼蛛有多少条腿呢？像其他蜘蛛一样，狼蛛有八条腿。

✗ 你能不能看到狼蛛深色的眼睛呢？数一数有多少只吧！

✗ 仔细观察，雌狼蛛把自己的卵袋固定在身上的什么地方。你可以在那里发现一些小小的突起，这就是纺绩器。

✗ 仔细观察，狼蛛是如何捕获猎物的。

哈哈，我在这里。

身手敏捷的猎手

狼蛛在森林地表捕猎的时候就如同狼一样。它会小心翼翼地慢慢靠近猎物，然后瞄准目标一个猛扑并牢牢抓住猎物。狼蛛并不像其他蜘蛛一样织网捕猎，而是像猎人一样自由四处游走。这得益于它身上有数目众多的眼睛，因此狼蛛每天都可以发现各种小昆虫及各种猎物。

在夏秋季节，狼蛛通常会在林中各处穿梭来往，比如在地面的落叶里、阳光充足的森林边缘以及林间空地上。它们对我们来说是无害的。如果保持安静的话，还能听到它们在落叶间穿梭时发出的"籁籁"声。

雌狼蛛都是好妈妈。夏天，雌狼蛛会织造一个白色圆形的茧作为卵袋，并把卵袋固定在自己的末端纺绩器上随身携带。这个卵袋甚至会比雌狼蛛的纺绩器还大一些。狼蛛卵孵化时间会受到天气状况的影响。在两至三周之后，幼蛛就会孵化出来，它们会在妈妈身边度过生命里的第一周。这时候就会出现数目众多的幼蛛层层叠叠一起挤在妈妈的背上爬来爬去的景象。在这期间，为了避免幼蛛遭遇危险，雌狼蛛一般不外出狩猎觅食。

小贴士

事先准备一个盒子并在里面放入一把树叶和一些小石块，小心地将一只狼蛛放入盒子中。如果树叶中有一些小虫，你就可以观察到狼蛛捕猎的过程了。

观察到的结果

YEP!

发现地点

- ☐ 林中
- ☐ 林边
- ☐ 林中空地
- ☐ 地面
- ☐ 野外
- ☐ 植物茎干/树皮
- ☐ 树叶
- ☐ 在花瓣
- ☐ 灌木丛

小档案

体长：可达1厘米

形态特征：深棕色的身体以及长而强壮的腿

食物：小昆虫、蜘蛛及其他小型动物

狼蛛可以同时看到周围所有方向的情况。距离狼蛛40厘米以内的猎物都有被捕杀的危险。

雌狼蛛将幼蛛背在自己的末端纺绩器上。

千足虫
（马陆）

观察要点

✗ 你能分辨出来哪一端是千足虫的头部，哪一端是它的尾部吗？

✗ 数一数每个体节有多少对足。

✗ 当你轻轻地用手指触碰千足虫的时候，它会有什么反应呢？

✗ 千足虫的身体摸起来感觉如何？是湿润的还是干燥的？

用许多腿走路

千足虫生活在隐秘的地方。它们在落叶中及腐烂的树桩下寻找食物。有时候，将一块石头拿起来，就可以发现千足虫的踪影。受惊的千足虫会急忙寻找另一个阴暗的地方躲起来。

如果感觉到危险，千足虫就会蜷缩成圆环形，这样可以更好地保护自己柔软的腹部及纤细的足。为了吓退敌人，它会分泌一种发臭液体来自卫，这些液体对体型小的动物是有毒的。所以，最好不要用手去捉千足虫。

夏季，雌性千足虫在地面的一个洞里产下多达200枚卵。从这些卵中很快就会孵化出幼虫。刚孵出的幼虫只有七个体节，总共只有六对足。千足虫是多足纲动物的一种，除了千足虫外，还有蜈蚣也属于多足纲。昆虫纲、甲壳纲、蛛形纲都属于节肢动物门。像其他所有的节肢动物一样，为了生长，千足虫必须经历蜕皮的过程。每次蜕皮后千足虫都会多长出一个体节及两对足。于是，随着时间的推移，千足虫的体节及对足的数目会不断增加，直至死亡才停止。

小贴士

把一只千足虫放在一张白纸上，你可以观察到，千足虫在爬行的时候，它的足并不是整齐一致向前的，而是呈现出从后面不断往前涌的波浪状。

观察到的结果

发现地点

- ☐ 林中
- ☐ 林边
- ☐ 林中空地
- ☐ 地面
- ☐ 野外
- ☐ 植物茎干/树皮
- ☐ 树叶
- ☐ 花瓣
- ☐ 灌木丛

图片来源：沃尔特·穆勒

小档案

体长：可达5厘米

特征：身体呈长条状，与蠕虫外表相似，由许多环状体节组成，多数呈亮黑色或棕色，拥有数目众多的小足

食物：腐败植物及动物残留尸体

在热带雨林中居住着世界上最大的千足虫，它的体长可达到30厘米，拥有约600只足，而德国本土的千足虫最多可长到有260只足。至今仍未发现有真正拥有1000只足的千足虫。

蜈蚣
（百足虫）

掠食性动物

我们周围生活着各式各样的蜈蚣。它们生活在树皮下或者石头下，全身由15个体节组成。蜈蚣偏爱在地表行动，但也喜欢藏匿于石头下。

蜈蚣昼伏夜出，白天藏匿于地洞或者树皮裂缝里，夜晚从栖身处出来，捕食猎物。它们依靠长触角探测周边情况，一旦发现猎物，便迅速地用毒钩刺咬。毒液飞速地产生作用，使猎物无法动弹。接着，蜈蚣便会用口器咬碎猎物，慢慢享用大餐。

蜈蚣依靠长长的后足防御天敌——蜘蛛及蚂蚁。当察觉到危险时，蜈蚣会蜷缩身体，腹部向外，从毒腺里分泌大量发臭、有毒的毒液。蜘蛛、鸟类、刺猬以及其他动物都对这种毒液唯恐避之不及。

观察要点

- ✗ 仔细观察蜈蚣头部长长的、线状的触角。
- ✗ 能看清头部小点状的眼睛吗？
- ✗ 将蜈蚣放在玻璃杯里，透过杯底仔细看，有没有看到一对强壮的毒钩呢？
- ✗ 能发现蜈蚣的最后一对步足比其他的都长吗？

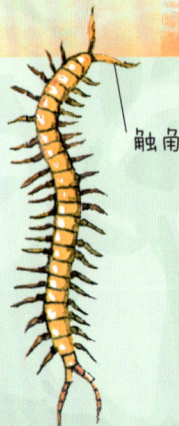

触角

蜈蚣

小贴士

用玻璃杯小心地罩住一只蜈蚣，将杯口插进一张白纸，小心地将杯子放到盒子里，盒子里预先放了一条蚯蚓或者小虫。现在可以观察蜈蚣是怎样捕获猎物的。观察完之后将蜈蚣放生。

观察到的结果

小档案

体长：可达4厘米

特征：全体由多个体节组成，呈扁平
形，棕色或红棕色，60对步足

食物：蚯蚓、等足目、蜗牛、昆虫和
其他土壤动物

蜈蚣会咬人。被咬后伤口很疼。
蜈蚣头部的毒钩，能分泌毒液并杀死
猎物。在地中海附近的陆地上，生
活着长达10厘米的蜈蚣。被它们咬到
后，就像被马蜂蜇后一样疼。

发现地点

☐ 林中
☐ 林边
☐ 林中空地
☐ 地面
☐ 野外
☐ 树皮
☐ 树叶
☐ 花瓣
☐ 灌木丛

图片来源：沃尔特·穆勒

虫瘿

观察要点

✗ 收集不同的虫瘿。有没有发现相似的虫瘿总是出现在同一类植物的叶子上?

✗ 大多数瘿蜂和瘿蚊在栎树、山毛科、蔷薇科和槭树上产卵。

✗ 用放大镜观察破口的虫瘿。有没有发现白色的幼虫?

✗ 将带有虫瘿的叶枝放入玻璃杯中,也许能观察到幼虫是怎样钻来钻去的。

树叶上的奇特现象

夏秋季节,很多树叶上会有奇特的现象发生:山毛榉的树叶上长出葱尖状的物体,栎木树叶上闪烁着樱桃大小的球体,原先是绿色,慢慢变成红色。槭类树叶上则生出又长又薄的类似香肠的物质,看起来就像又密又黏的线团。昆虫宝宝就在这些虫瘿里"茁壮成长"。

瘿蜂和瘿蚊在植物树叶上产卵。植物继续生长,还长出"小房子"——也就是虫瘿,里面住着幼虫。在夏天打开一个这样的虫瘿,会发现里面有只幼虫。它们在"小房子"内部自给自足,在发育成熟时钻出"房子",最迟也得在秋天落叶之前。如果在"房子"上发现了小洞,那就是一个空的虫瘿。瘿蜂和瘿蚊就是通过这个空洞爬出"房子"的。

小贴士

利用栎木树叶的虫瘿可以制作墨水。在秋冬季节收集带虫瘿的栎木树叶,并且虫瘿上要有小洞。将虫瘿放入装水的杯子里,并在水中放入铁钉。几星期后,水会变成灰色。只需将水煮开——深色的栎木虫瘿墨水便制成了。

观察到的结果

YEP!

小档案

体长：可达4毫米

特征：体型微小，带翅膀

　　除了瘿蜂和瘿蚊外，还有瘿虱，它们吮吸杉木的针叶中的汁液，然后树叶上长出菠萝状的瘤状物，如李子般大小。这样的虫瘿里没有幼虫。

发现地点

☐ 林中
☐ 林边
☐ 林中空地
☐ 地面
☐ 野外
☐ 植物茎干/树皮
☐ 树叶
☐ 花瓣
☐ 灌木丛

瘿蜂

瘿蚊

栎木虫瘿

山毛榉虫瘿

蜣螂
（屎壳郎）

✗ 仔细观察屎壳郎带锯齿的宽阔的前足，屎壳郎靠前肢挖土掘地。

✗ 有没有看到，屎壳郎的触角末端已经分叉了？屎壳郎能够将这段呈锯状的触角以扇形伸展开来。

✗ 仔细寻找，看看能否找到寄居在屎壳郎体表的螨虫。

✗ 是否见过正在飞行的屎壳郎？如果下次见到，仔细观察一番吧！

屎壳郎非常喜欢粪便

春夏秋季节，在林间道路上可以看到许多屎壳郎。屎壳郎以动物的粪便为食，很多狗经常在路边排便，所以你现在应该知道为什么屎壳郎总是在路边逗留了吧！

屎壳郎嗅觉灵敏。它们在觅食过程中一闻到粪便的气味，便会成对飞过去。它们在春夏季节总是结伴行动。屎壳郎在离粪堆不远的地方挖一个倾斜的隧道，里边分出许多岔路。每一条岔路都堆满了粪便，雌屎壳郎便在粪便上产卵。屎壳郎幼虫出生后，就以粪便为食。幼虫在第二年夏末发育成熟。屎壳郎的体表寄居着微小的、橙红色的螨虫，它们将屎壳郎视为出租车，利用屎壳螂前往新鲜的粪堆。

小贴士

用手指捏住屎壳郎时，会听到轻微的"嗡嗡"声。屎壳郎上下摆动，与翅鞘坚硬的边缘发生摩擦，从而发出"嗡嗡"的声响。

哈哈，我喜欢臭烘烘的粪球！

观察到的结果

YEP!

发现地点

☐ 林中
☐ 林边
☐ 林中空地
☐ 地面
☐ 野外
☐ 植物茎干/树皮
☐ 树叶
☐ 花瓣
☐ 灌木丛

前足

47

柳裳夜蛾

高超的伪装者

夜幕降临，当其他的蝶类寻找遮风避雨的栖息处时，夜蛾就出来活动了。在森林里、灌木丛中或者是花园里，都能找到柳裳夜蛾。和大多数夜蛾一样，柳裳夜蛾也有显眼的长长的触角，并且嗅觉异常灵敏。多亏了灵敏的嗅觉，柳裳夜蛾既能找到过熟的果实，也能觅得伴侣。

白天，夜蛾停息在树皮上，收拢翅膀睡觉，几乎不被人察觉。因为它们的翅膀和树皮极为相似（拟态），可以借此伪装自己。有时候，柳裳夜蛾也会在墙上栖息。一旦察觉到危险，它们便迅速张开翅膀，露出后翅耀眼的红色，以此吓退捕食者，也为它们赢得了逃跑的时间。

观察要点

✘ 仔细观察夜蛾的长触角。有没有看到布满触角的细小茸毛？

✘ 有没有看到大大的眼睛？

✘ 如果发现一只正在休息的夜蛾，在它上方挥一下手。它有何反应？

注意！

请不要强制性地将蝴蝶或蛾子塞入玻璃杯中。用放大镜进行观察即可。

小贴士

这种侧面长毛的灰褐色的毛虫喜欢栖息在柳树和杨树上。可以在初夏时去找找它们。

观察到的结果

体长： 可达4厘米

特征： 前翅呈灰褐色，后翅呈红色，翅面有两条锯齿形线纹

食物： 过熟果实的浆液

柳裳夜蛾的听觉异常灵敏。即便是30米开外追捕猎物的蝙蝠发出的回声定位声波，它们也能听见——因此能快速作出反应：是下降还是突然改变飞行路线？就这样，有些蛾能成功逃脱蝙蝠的追捕。

YEP!

发现地点

☐ 林中
☐ 林边
☐ 林中空地
☐ 地面
☐ 野外
☐ 植物茎干/树皮
☐ 树叶
☐ 花瓣
☐ 灌木丛

图片来源：DK出版公司

红褐林蚁

蚁群

红褐林蚁是德国本土最大的蚁族之一，居住在由针叶、树皮和树枝构成的"城堡"里。高达1米的"城堡"向地表深处延伸。雷雨过后，红褐林蚁要么爬到地面，要么下到"城堡"的更底层。

和其他蚂蚁一样，红褐林蚁以群居方式生存，蚂蚁数量多达50万只。蚁群里少数几只蚁后在巢穴深处负责产卵，由工蚁照料它们。蚁群里几乎所有的成员都是工蚁，它们负责蚁群里的各项工作：照料幼蚁、修缮扩建巢穴、外出觅食、看守巢穴入口。负责守卫的工蚁在入口处对想进入巢穴的蚂蚁进行检查：对和蚁群成员气味不同的蚂蚁不予放行，在必要时以武力击退。

在夏天，还能观察到带翅膀的蚂蚁。它们是准备婚飞的雌蚁和雄蚁。在高空中完成交配后，雄蚁就会死去，雌蚁就成为蚁后。

观察要点

✗ 用放大镜仔细观察红褐林蚁强有力的口器，它们能借此进行有力的撕咬。

✗ 它们将后腹部夹在两足之间，向前喷射腐蚀性的蚁酸进行防御。

✗ 仔细观察，是否发现红褐林蚁一直在用触角探测周围的环境？

✗ 仔细观察带翅膀的红褐林蚁。能够区分雄蚁和雌蚁吗？

小贴士

蚁穴里分布着许多通道，白天里面"蚁来蚁往"。我们可以观察到它们是如何搬运建筑材料、毛虫以及其他食物的。如果在通道上放置阻碍物，蚂蚁会作出什么反应呢？

观察到的结果

小档案

体长：可达1厘米

特征：全体呈黑褐色，体型较大

食物：昆虫、其他小动物、蚜虫的排泄物、花蜜和植物籽

蚜后寿命长达20年。蚜后在幼虫时期以一种特殊的食物为食，这样才能从幼虫发育成蚜后，否则就会成为一只工蚁。

YEP!

团结就是力量！

发现地点

- ☐ 林中
- ☐ 林边
- ☐ 林中空地
- ☐ 地面
- ☐ 野外
- ☐ 植物茎干/树皮
- ☐ 树叶
- ☐ 花瓣
- ☐ 灌木丛

口器

球鼠妇
（西瓜虫）

蜷缩在一起

在枯叶里或者是朽木上，生活着球鼠妇，也被称为西瓜虫。它们受到惊吓时，会像刺猬一样抱成如豌豆大小的一团，用坚硬的躯壳保护柔韧的腹部。危险过后，它们就会伸展开来，迅速地去往栖息处。

观察要点

✗ 球鼠妇的深色身体是由多少体节组成的？

✗ 能否做到让球鼠妇在玻璃杯里绕着跑呢？从下方仔细观察，能数清楚它有多少只脚吗？

小贴士

仔细观察蜷缩着的球鼠妇。它再次伸展开来前发生了什么？它是先把触角伸出来吗？

观察到的结果

小档案

体长：最长可达2厘米

特征：躯壳呈拱状，深色，由多个体节组成

食物：柔软的、坏死的植物

　　大自然里生活着各式各样的球鼠妇。千足虫的近亲——球马陆在察觉到危险时，也会蜷缩成一团。

发现地点

☐ 林中
☐ 林边
☐ 林中空地
☐ 地面
☐ 野外
☐ 植物茎干/树皮
☐ 树叶
☐ 花瓣
☐ 灌木丛

蜷缩着的球鼠妇

体节

图片来源：沃尔特·穆勒

带上放大杯到田野和草地去！

观察田野与草地的昆虫

通常在我们居住环境的周围分布着许多草地、耕地和田野。在这里，生长着各种各样的谷物、果蔬和野草，还生活着活蹦乱跳的牲畜，例如牛等动物。在这里，动植物和谐相处，并能找到赖以生存的食物和栖息处。

为了保护田地里的庄稼，人们喷洒农药和杀虫剂，所以一般在农田里很难发现小昆虫的踪迹。但在草地上就不一样了，在草丛中生长的植物上就栖息着许多这样的小动物，如在黑刺李（一种野生李树）、山楂、山茱萸或者小株的植物（如牵牛花）上。你必须随身携带放大杯，然后仔细地去寻找这些小爬虫吧！

小贴士

在长满花草的草地里铺上一小张地毯，然后坐下来俯身去观察这些植物的茎干、叶子和草丛间。如果你花足够时间，并且耐心地等候，慢慢地就会发现小昆虫的踪迹。你可以用放大杯把它们放大，认真地去端详它们。都有哪些动物是栖息在这里的呢？

带上放大杯，出发！

打听一下在你家附近有没有一些盛开着野花和长满绿草的林边小路或灌木丛。春天和夏天的时候，那里会长满各种各样的花草。这些植物在放大镜下会展现出非常美丽的一面。试着去端详吧，看看能不能发现花朵中的雌蕊和雄蕊。

带上放大杯，仔细观察蜜蜂是如何在花间授粉，这些花粉又是怎样慢慢附着在雌蕊上的。你有没有尝试过用放大杯去观察正在生长着的青草或者各种农作物？如小麦、黑麦、大麦和燕麦。

夏末和秋季是蔬果成熟的季节。这时，带上放大杯去郊游吧！不管是在林间小路旁生长的野生山胡萝卜（它的花序为伞形，属于伞形科），还是各种精致的鸟巢，都可以是你探索研究的对象。

小贴士

不要在林边小路或灌木丛中采食野果，因为它们很可能是有毒的。最好找个有经验的成年人陪着一起去。

观察到的结果

在田野和路边发现了

☐ 花朵

☐ 叶子： ☐ 绿叶 ☐ 被啃咬过的叶子

☐ 附带沫蝉泡沫的茎干

☐ 果实

☐ 种子

☐ 石头

在草地里发现了

☐ 葡萄蜗牛： ☐ 活的 ☐ 空的蜗牛壳

☐ 树蜗牛： ☐ 活的 ☐ 空的蜗牛壳

☐ 蛞蝓

☐ 蟹蛛

☐ 蚱蜢

☐ 蟋蟀

☐ 蝉

☐ 食蚜蝇

☐ 萤火虫： ☐ 飞舞着的（雄虫） ☐ 在草丛间的（雌虫）

☐ 蝴蝶： ☐ 毛虫 ☐ 蛹

☐ 红花萤

☐ 屎壳郎

☐ 瓢虫

☐ 步行虫

☐ 马蜂

☐ 胡蜂

☐ 熊蜂

☐ 蜜蜂

☐ 蚂蚁

葡萄蜗牛
（盖罩大蜗牛）

观察要点

✗ 仔细观察蜗牛外壳的侧面，是不是会发现有一个口在有规律地进行张合？这就是蜗牛的呼吸孔。

✗ 透过玻璃面从底部观察葡萄蜗牛爬行，是不是会发现它的足呈波浪式在移动？这是通过足面不同部位的肌肉交替用力产生的。

✗ 用尺子测量一下葡萄蜗牛在一分钟内走过的路径，再除以60秒，就可以算出它行走的速度。

✗ 用放大镜去仔细观察一下蜗牛的外壳。壳面上一条条的螺纹就像树的年轮一样，记载着蜗牛的年龄。

最大的蜗牛

虽然葡萄蜗牛因生活在葡萄种植园内而得名，但它最常出现在树林里、公园内和郊外的花园中。在那里，从早春开始，人们就会在小径上或是路边发现它们，尤其是每天的早上和夜晚。在中午艳阳高照的时候，它更愿躲在潮湿的角落。如果你想在这时去观察它，那是找不到的，等到晚上再去找它吧！

在整个冬天，葡萄蜗牛会躲在一个安全的地方进行休眠，例如在树根下或疏松的泥土中。这时它会把整个身子缩进壳内，然后关上坚硬的石灰质壳口。

在葡萄蜗牛的头上长着两对触角。位于上方的那对触角较长。在这对触角顶端有两个小黑点，这就是蜗牛的眼睛。虽然蜗牛只能辨识黑白两种颜色，但是它的感知能力很强，对身边的一举一动了如指掌。一旦受到威胁，它就会迅速缩进壳内。位于下方的一对触角是用来触碰和感受嗅觉的，这样能随时感知出现在跟前的事物。

小贴士

把新鲜的水果研碎，然后把这些水果碎末涂抹到一块玻璃板上。把葡萄蜗牛或是其他种类的蜗牛放到玻璃板上。从底部去观察蜗牛是怎样进食的。蜗牛的舌头上有许多牙齿，整个舌面像一把小锉刀。这些牙齿太微小了，必须用放大镜才能看清楚。

观察到的结果

体长：可达5厘米

特征：呈螺旋状的棕色外壳，
壳面有螺纹，躯体呈浅
棕色

食物：叶子、果实、植物的
嫩枝

葡萄蜗牛是生活在欧洲大陆上最大的蜗牛品种。在大自然中能存活8年之久。在法国，人们很喜欢把葡萄蜗牛做成美味的佳肴。

YEP!

发现地点

☐ 路边
☐ 草地
☐ 地面
☐ 野外
☐ 植物茎干/树皮
☐ 叶面
☐ 花瓣
☐ 灌木丛

眼睛

蟹 蛛

观察要点

✗ 蟹蛛的身体是由几部分组成的呢？它有多少条腿呢？

✗ 仔细观察，能找到蟹蛛的螯肢吗？它可以通过螯肢中的毒牙将毒液注入猎物体内，将猎物杀死。

✗ 试着在花丛中找出一只蟹蛛。这并不容易，因为它用保护色很好地隐藏了自己。

✗ 给蟹蛛提供一只猎物（如苍蝇）。观察它是怎样捕获猎物的：是从足部进行攻击呢？还是头胸部？抑或是后腹部呢？

很好地藏匿于花丛中

如果一些蝴蝶毫无防备地就停留在花瓣上吸食花蜜，那它们就要倒霉了：因为蟹蛛这时有可能正潜伏在附近。蟹蛛借助黄白色的花蕊很好地掩饰了自己，因为它的体色能随着周边环境由白色变成黄色，然后又由黄色变成白色。只有一些会蜇咬的昆虫（如蜜蜂），或者体积比蟹蛛大得多的蝴蝶，用有毒的蜇针或庞大的体型才能击败或防范蟹蛛的袭击。

与其他蜘蛛不同，蟹蛛不是通过织网去捕获食物，而是一动不动地藏匿在花丛中，潜伏着等待猎物出现。在我们生活的环境中，还有体色能变成绿色的蟹蛛，在绿叶丛中就能发现它们。在所有的蟹蛛中，雄性蟹蛛的体色呈棕色，且体积比雌性蟹蛛小。雌性蟹蛛的体色呈彩色。

蟹蛛的名字来源是名副其实的，因为它不是前后行走的，而是像螃蟹一样从侧面横行。

小贴士

小心翼翼地把一只蟹蛛（借助放大杯进行）放到与它原本体色不一样的花蕊中。观察一下，接下来会发生什么呢？

观察到的结果

YEP!

小档案

体长：最长达1厘米

特征：雌性蟹蛛的体色呈黄色或白色，四只前足较长，四只后足较短

食物：昆虫，通常是在花丛中采蜜的种类。如蜜蜂和蝴蝶

蟹蛛变换体色的过程并不像乌贼和变色龙那样瞬间完成，而是要经过几天缓慢地转变。因此，蟹蛛一般都会长时间待在同一种颜色的花蕊中，不轻易移动。

在草丛中也能发现我哦！

发现地点

☐ 丛林
☐ 林边
☐ 林中空地
☐ 地面
☐ 野外
☐ 植物茎干/树皮
☐ 树叶
☐ 花瓣
☐ 灌木丛

后腹部　　　头胸部

触肢　　　螯肢

蚱蜢

观察要点

✗ 观察蚱蜢的口器，非常锋利，能咬断坚硬的植物根茎。

✗ 看见在蚱蜢的身体背板及腹缘上有许多隆起来的脊线了吗？

✗ 能发现它的翅膀吗？有些很短，而有些却很长。

✗ 来玩小游戏：看谁找到的蚱蜢最多。

跳高高手和跳远健将

在夏天经过茂密的草丛时，在脚间总会突然蹦出来绿色或者黄褐色的蚱蜢。它借助强有劲的后肢能够蹦得又高又远。雄性蚱蜢（有些雌性蚱蜢也会）通过发出鸣叫声来划分各自的领域，并以此来吸引配偶的注意。这鸣叫声是用后腿上的突起刮擦前翼的边缘发出来的，如同在拉小提琴（有些蚱蜢品种是让翅膀相互摩擦发声）。它们发出声音，当然也需要耳朵去接听。但在它们的头上是找不到耳朵的，因为蚱蜢的听器长在后腹部或是前足上！而且，每种蚱蜢发出的声音都是不一样的，这样便演奏出一场美妙的"音乐会"。如果在观察中发现在一些蚱蜢的后腹部末端有一个管状突起，说明这是雌性蚱蜢。这是它的管状产卵器——产卵管。产卵管不是用来攻击敌人的，而是用于插入土中产卵的。

在我们生活的环境中栖息着各式各样的蚱蜢，其中最大的要数体长超过4厘米的中华蚱蜢。

小贴士

捕捉一些长有短触角的蚱蜢，放到光线明亮且有通气孔的饲养杯中，用鲜嫩的绿色植物喂养它们。在饲养过程中，你听到它们发出的声音了吗？仔细观察它们是怎样进食的。别忘了：观察完一定要将它们放生！

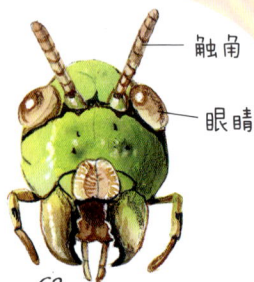

触角

眼睛

观察到的结果

小档案

体长：可达4厘米，但大多数
　　　为2厘米

特征：体色分绿色和黄褐色两
　　　种，根据品种不同，触
　　　角和翅膀的长短也不同

食物：绿色植物（触角短的蚱
　　　蜢）；虫蛹和昆虫类
　　　（触角长的蚱蜢）

　　蚱蜢是跳远高手和跳高
健将。中华蚱蜢可以跳到1米
远，这相当于人类跳了40米！

YEP!

发现地点

☐ 路边
☐ 草地
☐ 地面
☐ 野外
☐ 植物茎干/树皮
☐ 叶片
☐ 花瓣
☐ 灌木丛

翅膀

口器

张开翅膀跳跃的蚱蜢

食蚜蝇

冒充蜂类

骗子通过易装来骗人，而在大自然中，一些看起来狡诈的骗人伎俩是一些动物（或者植物）赖以生存的方式。其中就包括食蚜蝇。在德国本土栖息着很多种食蚜蝇。乍一看，很容易把这些同样长有黑黄色斑纹的食蚜蝇误认为是熊蜂或是蜜蜂；但仔细查看，你就会发现它长着蝇类特有的头部，上面长有巨大的眼睛和舔吸式口器。如同熊蜂的体色只是食蚜蝇用来保护自己的"幌子"，因为它并不会像熊蜂一样去蜇人，它对人类是无害的。在开满鲜花的草地或菜园里经常会看到食蚜蝇。雌性食蚜蝇会把卵产在蚜虫聚集的叶子间，这样一旦幼虫孵化出来就有充足的营养供给——蚜虫是它们最爱的食物。一只食蚜蝇在一天内就可吃掉100只蚜虫，所以它们深受菜农们的喜爱。

食蚜蝇的特别之处还在于它的飞行方式：它会突然穿梭到某一点，也能像直升机一样一动不动地长时间悬停于空中某一点。

观察要点

✗ 仔细端详它的头部。

✗ 看见食蚜蝇大眼睛中有很多小的"圆点"吗？这是单眼，构成昆虫的视觉器官。

✗ 在放大杯中滴一滴蜂蜜，观察食蚜蝇是怎样吮吸食物的。

✗ 观察食蚜蝇的后腹部，会发现它并没有蜇针等蜇人的器官。

小贴士

食蚜蝇喜欢栖息在紫色的薄荷花、白色的野生胡萝卜花、莳萝花及类似伞形科植物的花瓣上，所以如果你的菜园的角落里种着这些植物，就可以吸引食蚜蝇的到来。

观察到的结果

小档案

体长：可达2厘米

特征：后腹部呈黑黄色相间的
条纹图案，大眼睛、独
特的舔吸式口器

食物：花蜜和花粉

　　食蚜蝇在传播花粉上面也
发挥着重要的作用，因为它
在花丛中飞来飞去地吮吸花
蜜的同时，就帮助花朵完成
了授粉。

YEP!

发现地点

☐ 路边
☐ 草地
☐ 地面
☐ 野外
☐ 植物茎干/树皮
☐ 叶片
☐ 花朵
☐ 灌木丛

蜂类

食蚜蝇

大眼睛

萤火虫

观察要点

✗ 小心翼翼地去捕捉飞行中的萤火虫，然后放置到放大杯中进行观察。看到它位于后腹部底端的发光部位了吗？

✗ 仔细地观察静置在草丛中的雌性萤火虫。它的发光部位要比雄性的大。

✗ 把一只萤火虫捧在手心，你不会感觉到发光部位在发热。

在黑夜中闪闪发光

大自然最美妙的奇迹之一便是萤火虫！不用电源，也不需要火源，它照样能发光。萤火虫的身上有着特殊的发光器官，在那里两种化学物质发生反应，发出不具热量的光芒。

萤火虫不是蠕虫，而是属于昆虫中的甲虫类。雄性萤火虫会飞，外观看起来也是典型的甲虫的模样；而雌性萤火虫看起来却像是昆虫的蛹。雌虫不会飞，停留在低矮的植物丛中，发出一闪一闪的亮光吸引雄虫。交配之后，雌虫就会在地面上产卵——即便是刚产的卵和刚孵化出来的幼虫，也都会发光。

完全成熟的雌虫和雄虫不再需要营养供给，但是刚孵化出来的幼虫食量却很大，像饥渴的强盗一样到处去捕食蛞蝓和蜗牛。它们能嗅到蛞蝓和蜗牛爬行后留下的黏液的味道，顺着这些痕迹去追捕爬得很慢的猎物，然后在叮咬过程中释放毒液杀死它们。

小贴士

务必到郊外亲眼看一次萤火虫。在温暖的夏夜，到湿润的丛林中或是林地边、灌木丛中和草地上，去寻找萤火虫的踪迹。住得越靠北，越难遇见萤火虫。

观察到的结果

小档案

体长：可达1厘米

特征：雄性是体形偏长的甲
虫；而雌性则像虫蛹。
两性都有发光器官

食物：成虫什么都不吃，幼虫
爱吃蛞蝓和蜗牛。

　　萤火虫发育成成虫后只能
生存一个夏天，随后就死去。
从前在我们周围栖息着许多萤
火虫，但由于喷洒农药等原
因，破坏了它们生存的环境，
现在变得越来越稀少。

发现地点

- ☐ 路边
- ☐ 草地
- ☐ 地面
- ☐ 野外
- ☐ 植物茎干/树皮
- ☐ 叶面
- ☐ 花朵
- ☐ 灌木丛

雄性萤火虫

雌性萤火虫

红花萤

丛林中的常客

在德文中，红花萤又被称为"红色的软虫"。这是因为它的身体非常柔软，并不像其他甲虫具有坚硬的外壳。因此，它从来不会像屎壳郎那样能在泥土中钻洞。

红花萤全身的红色能很好地警示鸟类及以昆虫为食的天敌们，不要轻易去招惹它，因为红花萤体内红色的血液有毒性。这也能提醒我们注意，因为红花萤对人类也是有毒的，如果人们不小心吞食了它，就会中毒。

在夏天的时候，人们常在丛林边的野生胡萝卜的伞状花序上或者其他植物上见到它们。有时还会看到两只红花萤叠在一起——这是雄雌两性正在进行交配，这样的姿势要持续好几个小时。

孵化出来的幼虫体色偏暗，生活在泥土中。它们是出色的猎手，不仅吞食其他昆虫的虫蛹，还能捕食体积较小的蛞蝓和蜗牛。在冬季，它们就会躲在石头底下或是叶子背面休眠，直到来年春天才发育为成虫。

观察要点

✗ 捕捉红花萤时一定要轻拿轻放，因为它们的身体非常柔软。

✗ 数一数，看一下它长长的触角分几节。

✗ 看到覆盖它全身的绒毛了吗？

✗ 当它准备起飞时，会把表面的鞘翅打开，拨到一侧，然后你就会看到隐藏在底下的后翅，这才是它真正用来飞行的翅膀。

小贴士

如果红花萤感觉受到了威胁，就会在足部某一特定的部位释放出一种黄色且难闻的液体，这是有毒的。因此不要激怒它们。

观察到的结果

小档案：

体长：最长达1厘米
特征：身体细长柔软，呈红
　　　褐色、黄棕色
食物：昆虫的虫蛹和卵，也
　　　吃柔软的植物茎干和
　　　花蜜或花粉
　　　红花萤是栖息在我们周
围的最勤劳的甲虫之一。

发现地点

☐ 路边
☐ 草地
☐ 地面
☐ 野外
☐ 植物茎干/树皮
☐ 叶片
☐ 花朵
☐ 灌木丛

触角————

鞘翅————

69

荨麻蛱蝶

观察要点

✗ 看见荨麻蛱蝶的蝶翼处闪烁着月牙形的斑点了吗？

✗ 看见在荨麻蛱蝶的触角顶端呈棍棒状的膨大末端了吗？这是蛱蝶的典型特征。

✗ 仔细观察荨麻蛱蝶化蛹成蝶的过程。可以在荨麻丛中观察，也可以参照观察大孔雀蝶（见第28~29页）的方法，把一些蝶卵带回家进行观察。

✗ 观察到蛱蝶的虹吸式口器了吗？

奇特的蝴蝶

这种奇特的蝴蝶全身呈火红色，因此在德国也被称为"小狐狸蝶"（狐狸也呈现这种红色）。它们经常于二月和三月出没。当其他的大多数蝶类产下的卵、化成的蛹都在冬眠时，荨麻蛱蝶已经发育成蝶，藏在一个安全的隐秘处休憩。等到气候一回暖，它们就会飞离巢穴，赶在第一批早春的花儿盛开时采蜜。它们尤其喜欢飞到生长在路边的款冬的黄色花蕊上吮吸花蜜。

荨麻蛱蝶的幼虫只取食荨麻。从卵中孵化出来的幼虫们一起吐丝，形成一个包围住躯体的保护茧。它们在里面度过几乎整个幼虫期。随着不断地蜕皮，这些幼虫在不断长大，提供食物和栖息地的茧也在不断变大。与大孔雀蝶（参见第28页）的幼虫不同，荨麻蛱蝶的幼虫身上有明显的柠檬黄色长条纹。

小贴士

在加热至沸腾的麦芽啤酒中加入些许蜂蜜搅拌，待冷却后，用厨房用纸浸蘸上这些蜂蜜酒。然后，把这张厨房用纸放置在室外，就会看见很多蝴蝶被吸引过来。观察一下，看看它们是怎样吮吸这些蜜汁的。

观察到的结果

YEP!

发现地点
☐ 路边
☐ 草地
☐ 地面
☐ 野外
☐ 植物茎干/树皮
☐ 叶片
☐ 花朵
☐ 灌木丛

小档案

体长：可达2.5厘米

特征：黄红色的翅膀上有着黑色和黄色的斑点，翅翼周围有蓝色的半月牙形斑纹

食物：花蜜

　　荨麻蛱蝶是生活在我们身边的最常见的蝶类之一。它的幼虫只吃特定的食物（荨麻），这在我们居住的环境中几乎随处可见。而且，它们在我们的房屋周围能找到温暖的过冬栖息地。

荨麻蛱蝶

虹吸式口器

71

蜜蜂

观察要点

✗ 仔细观察蜜蜂的后脚跗节，这里格外膨大，周围长着又长又密的绒毛，组成一个"花粉篮"。蜜蜂就是把花粉收集在这个"花粉篮"中的。

✗ 观察一只正在采蜜的蜜蜂。你能看见蜜蜂是怎样用嚼吸式口器吮吸花蜜的吗？

✗ 当你发现蜜蜂的时候，测一下室外温度。如果低于10℃，蜜蜂会待在蜂巢中不外出的。

勤劳的蜜蜂

没有勤劳的蜜蜂，就不会有餐桌上甜美的蜂蜜。蜂农把一群蜜蜂的整个家族都养在一个箱子里，这就是所谓的蜂箱。在这个蜜蜂家族里，有蜂后——只负责产卵（在夏天每天的产卵数多达2000个），而且从不离开巢穴；有工蜂——觅食、建造巢室和蜂房、喂养幼蜂、保卫巢穴，这是它们的责任，在一个蜂巢中生活着多达6万只工蜂；有雄蜂——雄性的蜜蜂，它们只会在夏天的时候出现，寿命很短。

只有工蜂会蜇人，它的蜇针是由雌性生殖器官演变来的。所以在捕捉蜜蜂时，一定要小心谨慎，把它们捕到放大杯中进行观察。

蜜蜂在整个冬天都会待在巢穴中。当蜂农想采蜜出售时，会用糖水把蜜蜂引出巢穴。奇怪的是，蜜蜂们居然会为了糖水宁愿放弃蜂蜜……在寒冷的日子里，蜜蜂会全身抖动，这样能产生热能，达到取暖的效果。到了炎热的夏天，蜜蜂则会高速扇动翅膀，使蜂巢内部减暑降温，并借助蜂巢内的水蒸气蒸发吸热而带走一部分热量。

> 哇，这花蜜真沉！

小贴士

蜜蜂分辨颜色的能力很强——只有红色看不见。试着分别在红色、蓝色、绿色和黄色的纸张上各滴一滴蜂蜜，然后在一个有阳光的夏日把这些纸张放到一块白色的餐布上，并放到室外。观察一下，大多数蜜蜂会停留在哪种颜色的纸张上呢？

观察到的结果

小档案

体长：可达1.5厘米

特征：身上有黄褐色的条
　　　纹，长有绒毛

食物：花蜜和花粉

　　蜜蜂是少数可以人工饲养的昆虫之一。早在石器时代，人们就开始养蜂采蜜了。当心！蜜蜂会蜇人哦！

YEP!

发现地点

☐ 路边
☐ 草地
☐ 地面
☐ 野外
☐ 植物茎干/树皮
☐ 叶片
☐ 花朵
☐ 灌木丛

花粉篮

熊 蜂

观察要点

✗ 仔细观察正在吮吸花蜜的熊蜂，它的嚼吸式口器非常短。

✗ 熊蜂是怎样运载花蜜的呢？

✗ 仔细观察披在熊蜂身上的厚实的绒毛。

毛茸茸的一团

早春时分，大地回暖，熊蜂开始"嗡嗡"地飞舞在花丛中到处采蜜了。这时出现的熊蜂的体型尤其大，比在夏天和秋天活动的熊蜂的体型要大得多，因为它们都是蜂后。

在熊蜂的蜂族里，只有能受孕的雌蜂才会冬眠，并在来年开春时分建造新的"蜂国"。当第一批工蜂破茧而出以后，它们就开始为蜂后采集花蜜、建造蜂巢。蜂后从此只负责产卵。一个熊蜂蜂巢中可容纳多达600只熊蜂。在秋天的时候，蜂巢掉落到地面上，只有蜂后才能存活下来，并进入冬眠。

如果发现熊蜂突然从地面上窜出来，千万不要感到惊讶，因为它们喜欢在废弃的老鼠窝中建造蜂巢。

小贴士

在三四月份，去观察繁茂的柳絮，在那里经常会发现熊蜂的蜂后。

74

观察到的结果

小档案

体长： 可达2厘米

特征： 体色比一般的蜂类更黑，身上长有毛茸茸的绒毛，并有着黄色的条纹和白色的斑点

食物： 花蜜和花粉

熊蜂身上的绒毛可不仅仅是为了看起来美观，更重要的是有着保暖的功效。有了这层保护衣，熊蜂在寒冷的天气中照常外出采蜜，而还没长出绒毛的熊蜂就必须待在巢穴中。当心！熊蜂也会蜇人！

YEP!

发现地点

□ 路边
□ 草地
□ 地面
□ 野外
□ 植物茎干/树皮
□ 叶片
□ 花朵
□ 灌木丛

带着放大杯来水边

观察水域中的昆虫

夏日的池塘、湖泊、小溪和河流中生存着各种各样的水生生物。清澈见底的水中，光线充足，水草<u>丛</u>生，这为水域中的昆虫提供了食物和栖息地。

要想发现栖息在水域边上或水中的昆虫其实很简单。只要在池塘边或湖岸边挑选一处舒适的地方，花时间去仔细观察，就会有意想不到的收获：五彩缤纷、翅膀闪烁着银光的蜻蜓正在空中盘旋；水黾轻轻地在水面上掠过；豉甲在水面上迅速地旋转画圈 。还可以看见悬浮在水面的水生大蜗牛、鼓虫和白色的蠓虫幼虫。在春天里，还会发现青蛙和蟾蜍的受精卵——晶莹剔透，呈团状或带状，随后在初夏孵化出小蝌蚪来。在池塘或湖泊里，白睡莲（也称水芙蓉）的叶子背面会粘着水蜗牛和马蛭产下的黏稠状卵块。

带上抄网或是面粉筛到水边去吧，你不仅能把这些动物捕捞到装有水的放大杯中进行仔细观察，而且也会在附近的水草丛中发现其他生物：大龙虱、水蜘蛛，还有蜻蜓、石蚕蛾及其他水生昆虫的幼虫。别忘了观察完后把它们放生。

小贴士

按照平躺着的"8"字形的方式在水中挥动纱网，是捕捞水生动物的最佳办法，因为这样一来，水生动物就无法轻易地从网中逃脱了。

当 心！

年龄低于5岁的小孩绝对不可以单独靠近水域，如果要去，必须有大人的陪同。即便是很浅的池塘和小溪，对他们而言都会存在危险。

带上放大杯！

空蜗牛壳和贝壳、蜻蜓羽化后遗弃的蜕壳、鸟类的羽毛、各种藻类、五彩的石子、动物残骸——所有这些在水中找到的东西都可以放到放大杯中进行放大观察和研究。

如果你想观察活的水生生物，先在杯中注入水，然后就可以把捕捞到的水生生物放进去。如果放大杯中装有水生动物，一定要把它放置在阴凉处，避免日光照射引起水温上升，导致动物死亡。而且，观察后一定要放生——最晚不能超过5分钟。小心翼翼地把它们放回原来捕捞的地方。

试着在装满水的放大杯中放置一根从池塘或湖泊中摘取回来的水草或水生植物的枝干，借助放大镜仔细观察，会有意想不到的发现。这绝对比直接把水草捞出水面来观察要好。

小贴士

夏天的时候，在岸边寻找一些根茎长在水中的植物，你会在这些植物上发现一些空的蜕壳，这是蜻蜓羽化后留下的蜕壳。它们看起来像是"活的"，会让人以为这是活的蜻蜓幼虫。把它们搜集起来，放到放大杯中进行观察。

观察到的结果

在水中发现了这些水生植物

□白睡莲（水芙蓉）　　□浮萍　　　　□水草等水生植物

在水中发现了这些水生动物

□水生大蜗牛：　　　　□活的　　　　□空壳
□水螺：　　　　　　　□活的　　　　□空壳
□贻贝：　　　　　　　□活的　　　　□贝壳
□马蛭
□鱼蛭
□扁跳虾
□栉水虱
□水螨
□水蚤
□青蛙或蟾蜍　　　　　□蝌蚪　　　　□卵

在水中发现了这些昆虫

□蜻蜓：　　　　　　　□成虫　　　　□幼虫
□蜉蝣：　　　　　　　□成虫　　　　□幼虫
□蚊子：　　　　　　　□成虫　　　　□幼虫
□石蛾：　　　　　　　□成虫　　　　□幼虫
□豉甲
□水黾
□鼓虫
□龙虱：　　　　　　　□成虫　　　　□幼虫
□水蝎　　（当心！它会蜇人！）
□水虱

马 蛭

掠食性动物：马蛭

光看名字很容易会认为马蛭是以吸取马血为食的蛭类，其实不然。在蛭类中，确实多数是以吸取其他动物的体液或血液为生的，如水蛭（俗称蚂蟥）、鱼蛭、蜗牛蛭。但马蛭不是，它是掠食性动物。它会偷偷潜伏在水草间或是水底的淤泥里，伺机捕获猎物。如果是体型小的水生动物，它一口就能吞噬掉；遇到体型大的猎物，它会用锋利的下颚切出一小块，吃掉了再切另一块，直至吃饱为止。一旦吃饱，它可以在接下来的一年多时间内不再进食。

几乎在所有的池塘、积水的洼地、水流缓慢的河流中都会生存着马蛭。想找到它的最简单方法是掀起白睡莲或一些水生植物的叶子，就会看见它吸附在背面。

令人感到惊讶的是，马蛭的移动速度非常快。它通过交替松开身体底部的前后吸盘，像迈步前进一样，迅速从一处挪动到另一处。

小贴士

捉一只马蛭放到注了水的放大杯中，观察它是如何吸附在杯壁上的。它能任意改变身体的形状，一会儿变得又瘦又长，一会儿变得又胖又短。仔细观察它是怎样像蛇一样在水里移动的。

观察到的结果

YEP!

发现地点

☐ 岸边
☐ 野外水域
☐ 湖泊或池塘
☐ 小溪或河流
☐ 水生植物
☐ 白睡莲叶子背面
☐ 水面
☐ 水底

图片来源: DK出版公司

蜻 蜓

观察要点

✗ 仔细观察蜻蜓位于头部侧方呈半球形的大眼睛。通过这双眼睛，蜻蜓并不需要转头，就可以全方位环视周围。

✗ 仔细观察正在交配的两只蜻蜓：位于前面的是雄性，它用腹部末端的抱握器握住雌性的头部或前胸。

✗ 蜻蜓的幼虫生活在水中，所以观察它们必须事先在放大杯中注入水。它们的头部长有一个可伸缩的口器，很像"面具"，不用时收在头部和喉部之下，尾端是一组牙状的夹子，用来捕捉小的水生动物。你看见这个口器了吗？

如离弦之箭般迅速出击的猎手

在夏季，人们在岸边可以看见各种各样的蜻蜓在进行"飞行表演"，其中包括碧翠蜓、侏儒蜻蜓和豆娘以及其他品种。你会看见它从你身边飞过，然后悬停在半空中，甚至能往后飞。蜻蜓有四只翅膀，而且各扇翅膀间是相互独立的，这才使得它能任意飞翔，在空中摆出各式各样的飞行姿势。

蜻蜓是敏捷的捕食者。它在空中捕猎，迅速吞食体型微小的动物。但是有一点是大家一直都误解它了：实际上，蜻蜓并不会蜇人。在它纤细的后腹部末端并没有蜇针，也没有相应的蜇人的器官，所以它对人类是无害的。

人们有时候会发现两只蜻蜓在飞行中一前一后紧挨着或者围绕成心形，这是雄雌蜻蜓正在交配，如同在跳"婚礼"欢庆舞蹈。交配后，雌性蜻蜓会把卵产在水中。

蜻蜓的幼体全身呈褐色，体型较大，性情凶猛，会在水底生活一年甚至好几年。它们很贪吃，有时还会捕食小鱼。

小贴士

如果在明媚的夏日清晨到池塘边散步，仔细留意从水中生长出水面的植物，有可能会看见蜻蜓幼虫正从植物茎干或枝叶处爬出水面，这时就可以观察到蜻蜓幼虫是怎样蜕皮变为成虫了。用放大杯去观察成虫飞走后留下的蜕壳。

蜻蜓的幼虫在水中能像闪电一样迅速向前移动

观察到的结果

YEP!

小档案

体长：可达8厘米
形态特征：圆圆的脑袋上长
　　有大大的眼睛，身形
　　纤瘦，后腹部较长，
　　四扇透明的翅膀
食物：昆虫类
　　蜻蜓是地球上飞行速度
最快的昆虫。短距离的飞行
速度甚至可达每小时100千
米，与奔驰在乡间小路的汽
车一样快。

发现地点

□ 岸边
□ 野外水域
□ 湖泊或池塘
□ 小溪或河流
□ 水生植物
□ 白睡莲叶子背面
□ 水面
□ 水底

碧翠蜓

豆娘

侏儒蜻蜓

水 黾

观察要点

✗ 发现水黾折叠在腹部底面的纤细的喙了吗?

✗ 仔细观察:水黾有没有翅膀呢?

✗ 研究一下水黾的六条腿:前面两条较短,用于捕捉猎物;而位于中间和后面的四条则相对要长,这四条腿在水面上撑开,就像是一个十字架。

✗ 有没有看见足部挤压水面形成的小凹坑?

穿着冰鞋行走

水黾就像滑冰选手一样在水面上滑行,在它的足部底面长有厚厚的一层纤毛,这使得它轻巧的身体能浮在水面上,而不会陷入水中。

几乎在所有的水域都能见到水黾,不仅是在池塘、小池沼、湖泊,即便是在路边的小水洼也有可能看见它们。只要水面上稍微一有动静,这种掠食性动物就会弹跳到一旁,伺机捕获猎物。它们的猎物包括掉入水中的蚊虫以及探出水面呼吸的小型的水生动物。

水黾是早春时分第一种出现在水域的昆虫。三月份,冰封在隐秘的树叶堆或青苔丛中的水黾,随着身体上的冰雪融化,慢慢苏醒过来。随后它就蹦到附近的水域中,开始了活动。

从底部去观察水黾,你就会知道它是属于昆虫中的哪一类了:同所有的异翅亚目类昆虫(如壁虱)一样,水黾有长长的尖形喙,并且折叠在腹部底面。

小贴士

捉一只水黾放到装有水的水桶中。现在,在水中滴入一滴清洁剂。观察一下,会发生什么状况呢?水黾陷入水中了(当然,你要及时救起它)!这是因为清洁剂改变了水的表面张力。

观察到的结果

小档案

体长：可达1厘米

特征：体形狭长，体色较
　　　深，长有细长的腿

食物：昆虫、小型水生动物

　　水黾分带翅或无翅两种
类型，没有翅膀的水黾只能
停留在出生的水域中生活，
而带翅的则相对灵活，可以
选择新的水域栖息。

发现地点

☐ 岸边
☐ 野外水域
☐ 湖泊或池塘
☐ 小溪或河流
☐ 水生植物
☐ 白睡莲叶子背面
☐ 水面
☐ 水底

眼睛

喙（口器）

短短的前肢

石蛾幼虫

住在管巢里的幼虫

石蛾在德语中被称为"住在管巢里的蝇"。但实际上，它并不是蝇类，反而与蝴蝶更相近，外观看起来与蛾相似。

石蛾成虫不经常被发现，因为它是夜行动物。有趣的是石蛾幼虫，它们围绕着又长又柔软的身体自行构筑圆筒状巢穴，只预留出一处开口从里面往外探出褐色的脑袋来。这样的巢穴能帮助它们很好地抵御掠食性鱼类和其他天敌的捕食。每种石蛾幼虫都有特定的巢型，筑巢的材料也各不相同。有些只用小石子和沙粒构筑，呈典型的锥形袋形状；有些则从口中吐出具有黏性的丝线，把周边的木屑、枯枝落叶、水生藻类，甚至是蜗牛壳粘在一起，拼凑出一个奇形怪状的巢穴。

石蛾多栖息在池塘和水洼的附近，幼虫也为水栖性，并不罕见。但是它们常常隐蔽在水底和植物丛中，而且整个身体被圆筒式巢穴包围起来，要想发现它们也并不是一件容易的事情。

观察要点

✗ 仔细端详这个像箭筒一样的巢穴，看一看它是用什么材料做成的呢？

✗ 看见石蛾幼虫的脑袋了吗？千万不要把它们从巢穴中拖出来。让它们在管巢中待着。观察完了要把它们连同巢穴放回原来的地方。

✗ 发现石蛾成虫了吗？用放大杯进行观察吧！

小贴士

石蛾的幼虫要经过多次蜕皮才能发育为成虫。每次蜕皮后它都会再筑造一个更大的、箭筒式的新巢穴。如果运气好的话，可以捡到幼虫蜕皮后留下的空巢。然后，用放大镜去观察这种独特的巢穴吧！

石蛾成虫

观察到的结果

YEP!

小档案

体长：可达5厘米，大多数体
型偏小

特征：幼虫的身体像蚕一样
细长柔软，会自己筑
造巢穴，并居住在里
面

食物：悬浮类有机质和微小
的藻类

　　如同所有的动物一样，石
蛾中也存在着另类。有一些
石蛾的幼虫并没有生活在管
巢中，而是生活在水底，并
捕食猎物为生，有的甚至织
网捕获猎物。

发现地点

☐岸边

☐野外水域

☐湖泊或池塘

☐小溪或河流

☐水生植物

☐白睡莲叶子背面

☐水面

☐水底

管巢

石蛾幼虫

蚊 子

观察要点

✗ 用放大镜研究蚊子的长纺锤形卵

✗ 发现蚊子后腹部处的呼吸器官了吗？它看起来像一排通风管。

✗ 仔细观察蚊子的蛹：它悬挂在水面上，全身蜷缩成球状，后腹部卷起包裹着头部。

✗ 捕捉一只蚊子放到放大杯中：看见它的刺吸式口器了吗？

总是很烦人

如果在傍晚的时候发现蚊子围绕在身边"嗡嗡"地飞舞，你就该知道自己第二天要做什么了——去寻找蚊子的幼虫！在哪里找呢？在水中。雌虫把卵产在池塘水面、小水洼中和雨槽中，甚至在喷壶中都会发现一连串的长纺锤形卵，像一条白色丝线漂浮在水面。

从卵中很快孵化出幼虫来。这些幼虫头朝下，把后腹部处的呼吸器官探出水面。这是非常实用的：一来可以呼吸，二来可以吞食顺流漂过的细小藻类和悬浮物。经过大约三周和三次蜕皮后，幼虫进入一个休眠状态——变成蛹。再过几天，蛹羽化为成虫。

雌性蚊子的感觉器官很发达，能灵敏地感觉动物的体温和气味，从而对猎物进行攻击，贪婪地吸食动物的血液。它们需要这些血液来为腹中的卵补给营养，而雄性蚊子反而是不会蜇人的——雄蚊吸食植物汁液为生。

小贴士

用一个水桶装上一些池塘水，然后捕捉一些蚊子的幼虫放到桶中。轻微摇晃一下水桶，它们就抖动着潜入水中。一旦需要呼吸空气时，它们便会再次浮出水面。

观察到的结果

小档案

体长：可达6毫米

特征：柔软的身体上长有两只
狭长的翅膀和一个细长
的刺吸式口器

食物：雌性蚊子吸食血液，雄
虫则以植物汁液为生

被蚊子叮咬后会感觉奇痒
无比，这是蚊子在吸食血液时
在叮咬处注入抗血凝素导致
的。用手指碾碎车前草叶子，
并把从中榨取出来的汁液涂抹
到叮咬处，可以达到迅速止痒
的功效。

啊哈！被
逮住了！

发现地点

☐岸边
☐野外水域
☐湖泊或池塘
☐小溪或河流
☐水生植物
☐白睡莲叶子背面
☐水面
☐水底

呼吸管

刚毛

卵

蛹

后腹部

头部

龙虱

观察要点

✗ 观察龙虱的镰刀式口器，它就是通过这个锋利的口器把猎物切碎的。

✗ 仔细观察它的六条腿：后足长有大量纤细的刚毛。

✗ 发现在龙虱背部的鞘翅上有深深的纹路吗？说明这是一只雌性龙虱。雄性龙虱的鞘翅是光滑无纹的。

✗ 观察龙虱是如何浮出水面换气的。

掠食性甲虫

在池塘和水洼中速度最快的猎手之一就是龙虱。无论是蝌蚪还是水生昆虫，甚至小鱼都难逃它的猎杀。它潜伏在水生植物间，等待猎物的出现，然后敏捷地捕食。

龙虱在夏天的时候交配。这时，雄性龙虱会骑在雌性的背上，这个姿势将维持好几天。为了防止掉下来，雄体会用前肢紧紧地扣住雌体的颈部盔甲处。交配后，雌体借助产卵管将卵产在水生植物的茎干处和叶子间。

龙虱幼虫通体呈黄褐色，体细长，且具有伸缩性。这种幼虫也是一种凶狠的猎手。当它长到差不多6厘米长的时候，就会爬到水边的泥土中化蛹，之后羽化为成虫，再爬回或飞回水中。

龙虱是会飞的，当池塘的水干涸之后，它们就会飞到新的栖息地。

小贴士

捕获一只龙虱，然后把它放置在水桶中。往里面扔一只死苍蝇，观察一下：它吃吗？然后再把它放生，让它回到原来生活的水域中。

观察到的结果

小档案

体长：可达3.5厘米

特征：平滑的体表，流线型的体形，通体绿色，鞘翅侧缘黄色

食物：水生小动物，也吃动物尸体

　　昆虫并不像我们人类一样用鼻子呼吸。在它们的后腹部两侧有许多通气孔。龙虱就是利用后腹部探出水面更新体内的空气的。龙虱最长能活五年。

发现地点

□岸边

□野外水域

□湖泊或池塘

□小溪或河流

□水生植物

□白睡莲叶子背面

□水面

□水底

游泳足

91

蝌　蚪

观察要点

✗ 看见深色的眼睛了吗？
看见小小的嘴巴了吗？

✗ 发现位于两侧的鳃以及
在稍微长大了的蝌蚪身
上的鳃盖了吗？

✗ 仔细观察四肢是怎样一
天天地慢慢长出来的。
刚开始还只是肉质突
起，接着慢慢变长，最
后长出脚趾来。

动物幼体

蝌蚪是蛙、蟾蜍、蝾螈等两栖类动物的幼体。在发育成熟前，这些幼体都被称为蝌蚪。

和鱼类一样，蝌蚪也是用鳃呼吸的。刚从卵中孵化出来的时候就可以看见头部两侧生有分支的外鳃。随着蝌蚪慢慢长大，两侧的鳃逐渐萎缩，并随着咽部皮肤褶与体壁的愈合而形成鳃盖。这时，整个蝌蚪的头部呈圆球状，在它的侧面保留一个出水孔，由鳃腔内的内鳃进行呼吸。蝌蚪什么时候才能发育成青蛙或蟾蜍呢？当它用肺代替鳃呼吸的时候。这个过程太复杂了，不是吗？

想要看蝌蚪变成青蛙的过程其实也不难，只要在春天或是初夏的时候天天去池塘边观察就可以了：蝾螈的蝌蚪先是长出前肢，再长出后肢；青蛙和蟾蜍的蝌蚪却刚好相反，先长出后肢，再从鳃盖部位长出前肢。在六月份的时候，青蛙和蟾蜍就发育成幼小成体，并离开水域了。

今天很浑浊，看不清呀……

小贴士

蝌蚪会用口部成排的角质齿在水生植物表面和岩石上刮食藻类。这时候，你可以好好地观察一下。

观察到的结果

YEP!

小档案

体长：可达4厘米

特征：体色偏深，身体略呈圆形，长有长长的尾巴

食物：藻类、浮游生物、小虾小蟹类

当你每天都去池塘边观察蝌蚪，发现它们的数目一天比一天在减少时，千万不要感到惊讶。这是因为它们很容易就被鱼类和龙虱吃掉了。所以你现在就该知道为什么青蛙等两栖类动物一次要产很多卵了。

发现地点

- ☐ 岸边
- ☐ 野外水域
- ☐ 湖泊或池塘
- ☐ 小溪或河流
- ☐ 水生植物
- ☐ 白睡莲叶子背面
- ☐ 水面
- ☐ 水底

血管

水

鳃丝

氧气

二氧化碳

从底部观察年幼的蝌蚪

词汇表

虫瘿：因昆虫（瘿蜂、瘿蚊）或螨类（瘿螨）的取食或产卵刺激引起植物组织局部（嫩枝或叶片）增生而形成的瘤状物。虫瘿产生后，寄生生物的幼虫就在里面发育成长，直到成熟后才离开。

产卵管：蚱蜢（及其他昆虫）的腹端发达的管状突，用于产卵，称为产卵管。这种结构不是用来攻击敌人的，而是插入泥土中进行产卵。

刺吸式口器：蚊子特有的口器。口器的下唇延长成喙，上、下颚特化成针状，用于刺入动植物组织中吸取血液和细胞液。蚊子在叮咬时会在伤口处注入抗血凝分泌液，使得血液不易凝固，便于吸食血液。这些分泌液会引起皮肤发痒。

地被物层：由植物未分解的残体所形成，位于土壤表层，其中包括落叶、掉落的果实、枯枝。

分泌液：分泌液是生物体的分泌腺分泌出的液体，有外分泌液和内分泌液两种。分泌液是动物（包括人类）身体所必需的，如唾液、胃液。有毒动物的毒液也属于分泌液。

浮游生物：是最小的动植物个体，如藻类、小型动物的卵和幼虫以及其他水生生物，还包括悬浮在水中无法用肉眼得见的微生物。

管巢：石蛾幼虫围绕敏感且柔软的后腹部自行构筑的圆筒状巢穴。它们从口中吐出具有黏性的丝线，把周边的细小材料（通常是沙粒，也可以是小石子、木屑和小型蜗牛壳以及水草细枝）粘在一起，形成一个细长且牢固的管状巢穴。

虹吸式口器：蝴蝶特有的口器，其显著特点是具有一条能弯曲和伸展的喙，适于吸食花朵深处的花蜜。

环节：某些动物(如蚯蚓、蜈蚣等)的躯体中许多相连接的环状结构。

甲翅：鞘翅的另一种说法。

节肢动物：自然界中属于节肢动物门的动物统称，品种繁多，包括一百多万种无脊椎动物。其中包括蟹、蜘蛛、千足虫和昆虫。

口器：位于头部，专门用于摄食的器官。昆虫类、蜘蛛类以及其他节肢动物用口器撕碎食物，并送入口中进食。根据食物种类的不同，各动物的口器也不一样：蜻蜓、甲虫和蚱蜢具有咀嚼式口器；蜜蜂具有嚼吸式口器；蝴蝶类具有虹吸式口器；蚊子具有刺吸式口器。

落叶：从树上脱落，掉到地上的叶片。在我们生活的环境中，每年秋冬季都会有不少叶片凋零，掉落在地上。这是因为植物为了减少在冬季里水分的消耗，必须舍弃这些叶片。

卵茧：蜘蛛或昆虫吐丝编织的产卵场所，由雌性编织。例如，母狼蛛吐丝结成卵茧，把卵产在里面，并把卵茧固定在自己的末端纺绩器上随身携带，这样，就可以为幼蛛的孵化期提供一个安全的环境。

鞘翅：昆虫身上最外层的翅膀，质地坚硬，不用于飞行，而是用于保护柔软的后翅（用于飞行）与背部。全靠这起到保护作用的鞘翅，昆虫才可以在各种环境中生活，如水底或地下。

伞形科：伞形科是伞形目下的一科，名称是因为其花序为伞形之故。通常是许多很小的单朵花集合在一起形成伞状。在我们身边的草地和路边都长有这些伞形科植物，如：胡萝卜、莳萝、芹菜、茴香、香菜、荷兰芹和八角，这些都是我们日常食用的蔬菜和香料。有些有毒可致命的植物也属于伞形科，如：毒参、毒芹。

杀虫剂：杀死昆虫的化学制剂。在农业中用于防治损害农作物的害虫，在某些地区（热带）用于杀死传播疾病、对城市卫生造成危害的害虫（如疟蚊）。

鳃：许多水生动物（如鱼类、蝌蚪——两栖动物的幼体）的呼吸器官。用来吸收溶解在水中的氧气。

松蜂蜜：一种特殊的蜜。这不是花蜜，而是在松树以及类似针叶树木分泌出来的具有甜味的汁液。这种甜甜的分泌液经过蜜蜂采集，形成特殊的蜂蜜。

天敌：在自然界中，某种捕食性生物专门以另一种生物为食，前者就是后者的天敌。例如：刺猬就是蚯蚓、昆虫及其幼虫、蜘蛛和蜗牛的天敌。

舐吸式口器：蝇类特有的口器。口器的唇瓣表面横列很多环沟，呈图章式。苍蝇用这样的口器只能吸取液态的食物。当遇到固体食物（如糖），则需要分泌唾液把食物溶解，再进行吸食。

幼虫：昆虫和其他无脊椎动物的幼年体。大多数与成虫外形完全不同，在生长过程中会逐渐生长发育，变得越来越像成虫。有些动物，如甲虫、蝴蝶，它们的幼虫并不能直接发育为成虫，而是要经过一个特别的休眠时期，即化蛹期。

蛹：部分昆虫的幼虫和成虫的中间形态，如蝴蝶、甲虫、苍蝇及胡蜂等，它们的幼虫被硬壳包裹着休眠，期间不需进食，时间从几天到几年不等。在这段休眠期（即蛹期），昆虫将从幼虫变为最终形态的成虫。成虫会在蛹期结束时破蛹而出。

圆网（车轮网）：十字园蛛等蜘蛛编织的蛛网，因呈发散式圆环状而得名。开始织网时，蜘蛛先放出若干呈辐射状蛛丝形成丝桥，然后一边抽出不带黏性的蛛丝并攀爬在上面，一边继续抽出带黏性的蛛丝缠绕在丝桥上面形成捕虫网。当这张网破损而不再使用时，十字园蛛会把它吃掉，这样就能把蛛丝的营养价值保存下来。一张蛛网总共需要18米长的黏性蛛丝才能织成。

爪垫：在苍蝇足底呈垫状的结构，帮助苍蝇在平滑如镜的窗玻璃上或倒立在天花板上行走。

针叶落叶层：由针叶林的枯枝落叶形成的特殊落叶层，只存在于针叶林中。由于这种落叶层酸性很强，只适合少量动植物生存。

提供的资料很齐全吧！

图书在版编目(CIP)数据

放大杯中探索 ／（德）欧特林著 ； 郑高凤译． —北京：科学普及出版社，2015
（体验大自然）
ISBN ISBN 978-7-110-09120-3

Ⅰ.①放… Ⅱ.①欧… ②郑… Ⅲ.①动物－青少年读物 Ⅳ.①Q95-49

中国版本图书馆CIP数据核字（2015）第116467号

First published in Germany by moses. Verlag GmbH, Kempen, 2001.

Text and illustrations copyright©moses. Verlag GmbH, Kempen, 2001. All rights reserved.

本书中文简体字版权由北京华德星际文化传媒有限公司代理

版权所有　侵权必究

著作权合同登记号：01-2011-4837

策划编辑	肖　叶
责任编辑	邓　文
封面设计	阳　光
责任校对	林　华
责任印制	马宇晨
法律顾问	宋润君

科学普及出版社出版

北京市海淀区中关村南大街16号　邮政编码：100081

电话：010-62103130　传真：010-62179148

http://www.cspbooks.com.cn

科学普及出版社发行部发行

鸿博昊天科技有限公司印刷

＊

开本：680毫米×870毫米 1/16 印张：6 字数：130千字

2016年5月第1版　2016年5月第1次印刷

ISBN 978-7-110-09120-3/Q·183

印数：1－5000册　定价：29.80元